LA FROMAGERIE

LA FROMAGERIE
© Larousse 2023

Direction de la publication : Isabelle Jeuge-Maynart et Ghislaine Stora
Direction éditoriale : Émilie Franc et Julie Martin
Direction artistique : Géraldine Lamy
Responsable éditoriale : Marion Dellapina
Édition : Agathe Bourachot, Evanne Darchy et Sophie Pizzinat, assistées d'Émilie Grasso
Préparation de copie et relecture : Emmanuelle Fernandez
Couverture et conception graphique : Valentine Antenni
Mise en page et conception graphique des pages thématiques : Delphine Chéret-Dogbo
Fabrication : Donia Faiz et Laetitia Messadene

Toutes les photographies sont de ©Sophie Dumont.
Stylisme des recettes ©Delphine Lebrun.
Toutes les illustrations sont de ©Scarlett Ouziel
sauf : © Alain Boyer : p. 3 ; © Shutterstock : p. 4-7, 14-17, 20-24, 54, 78-79, 104, 114-115, 126-127,
148, 170-171, 202-204, 216-217, ainsi que les iconographies de titres courants, d'astuces et de catégorie
d'animaux dans les fiches fromage; © Claire Simonet : p. 48-49.

This edition first published in Japan in 2024 by Graphic-Sha Publishing Co. Ltd,
1-14-17 Kudankita, Chiyodaku, Tokyo 102-0073, Japan

Japanese edition © 2024 Graphic-Sha Publishing Co. Ltd

LA FROMAGERIE

スイスの熟成士が教える 本格チーズの世界

60種のチーズと至福のレシピ

クロード・ルイジエ 著

SOMMAIRE

はじめに	9
チーズとの出合い、熟成士への道	12
チーズにまつわる仕事、それぞれの役割	14
無殺菌、低温加熱処理、低温殺菌のミルク	16
チーズはどのように作られる？	18
チーズはどこで作られる？	20
AOCとAOP、伝統の維持と変動のはざまで	22
ラクレット・デュ・ヴァレー AOP、理想的な規格の一例を紹介しよう	24
フランス チーズマップ	26

29 AUVERGNE-RHÔNE-ALPES
オーヴェルニュ＝ローヌ＝アルプ地域圏

BLEU D'AUVERGNE AOP ブルー・ドーヴェルニュ AOP	50
BLEU DE TERMIGNON ブルー・ド・テルミニオン	51
ベジタリアンレシピ ほうれんそうとブルー・ドーヴェルニュのタルトレット	52
ベジタリアンレシピ マッシュルームとブルー・ド・テルミニオンのヴルーテ	55
FLEURON DES GACHONS フルーロン・デ・ガション	56
FOURMES D'AMBERT ET DE MONTBRISON AOP フルム・ダンベール AOP、フルム・ド・モンブリゾン AOP	57
ベジタリアンレシピ フルーロン・デ・ガションのパイ	58
ベジタリアンレシピ フルム・ダンベールのスイスチャード包み	41
ベジタリアンレシピ フランス＆スイス風 ポレンタのグラタン	42
PICODON AOP DE DIEULEFIT ピコドン AOP・ド・デュールフィ	44
REBLOCHON DE SAVOIE AOP ルブロション・ド・サヴォワ AOP	45
◆チーズプレートの極意	46
◆チーズの上手な切り方	48
◆チーズカッティングの道具	49
SAINT-MARCELLIN IGP サン＝マルスラン IGP	50
SAINT-NECTAIRE AOP サン＝ネクテール AOP	51
肉料理レシピ サン＝マルスランのフォンデュ	52
◆フランスで好まれるチーズ	54
SALERS AOP サレール AOP	56
SÉRAC セラック	57
肉料理レシピ セラックと生ハムのバロティーヌ	58
肉料理レシピ セラックのポワレ ローストオニオンのサラダ仕立て ブラウンビール風味のソースを添えて	61
ベジタリアンレシピ ショーソン・オ・フロマージュ	62
ベジタリアンレシピ セレと洋ナシのタルト	65

67 BOURGOGNE-FRANCHE-COMTÉ
ブルゴーニュ＝フランシュ＝コンテ地域圏

BRILLAT-SAVARIN IGP ブリア＝サヴァラン IGP	68
COSNE DU PORT AUBRY コーヌ・デュ・ポール・オブリー	69
ベジタリアンレシピ ブリア＝サヴァランのエスプーマ仕立て 温製プラム＆スパイシーなクランブルを添えて	70
ベジタリアンレシピ ビーツのカルパッチョ シェーヴル・フレのクリーム添え	75

MORBIER AOP　モルビエ AOP ———————————— 74

PETIT GAUGRY　プティ・ゴーグリー ———————————— 75

　肉料理レシピ　モルビエ＆トリュフ風味のハムのクロックムッシュ ———————————— 76

◆ おいしいワインとおいしいチーズのマリアージュ ———————————— 78

RACOTIN　ラコタン ———————————— 80

VACHERIN MONT-D'OR AOP (SUISSE) ET MONT D'OR AOP (FRANCE)

ヴァシュラン・モン＝ドール AOP（スイス）、モン・ドール AOP（フランス）———————————— 81

　ベジタリアンレシピ　シェーヴルチーズのパン粉焼き ビーツのチャツネ添え ———————————— 82

　ベジタリアンレシピ　ピコドンとくるみのパン粉焼き ズッキーニのカルパッチョ添え ———————————— 85

　肉料理レシピ　モン・ドール＆ロースト・ベーコンのじゃがいものブシェ ———————————— 86

89
CENTRE-VAL DE LOIRE,
ÎLE-DE-FRANCE & HAUTS-DE-FRANCE
サントル＝ヴァル・ド・ロワール地域圏、イル＝ド＝フランス地域圏、オー＝ド＝フランス地域圏

BÛCHES CENDRÉES　ブッシュ・サンドレ ———————————— 90

CROTTIN DE CHAVIGNOL AOP　クロタン・ド・シャヴィニョル AOP ———————————— 91

　ベジタリアンレシピ　ブッシュ・サンドレ＆アボカドのケイク ———————————— 92

　ベジタリアンレシピ　ブッシュ・サンドレ風味のアイスクリーム ———————————— 95

　ベジタリアンレシピ　クロタン・ド・シャヴィニョルとレンズ豆のサラダ ———————————— 96

VALENÇAY AOP　ヴァランセ AOP ———————————— 98

BRIE DE MEAUX AOP　ブリ・ド・モー AOP ———————————— 100

COULOMMIERS　クロミエ ———————————— 101

GALET BOISÉ　ガレ・ボワゼ ———————————— 102

MIMOLETTE　ミモレット ———————————— 105

◆ オレンジ色のチーズとは？ ———————————— 104

MAROILLES AOP　マロワール AOP ———————————— 106

109
GRAND-EST
グラン＝テスト地域圏

CHAOURCE AOP　シャウルス AOP ———————————— 110

LANGRES AOP　ラングル AOP ———————————— 111

MUNSTER AOP　マンステール AOP ———————————— 112

◆ 修道院で生まれたチーズの叙事詩 ———————————— 114

117
NORMANDIE
ノルマンディー地方

CAMEMBERT DE NORMANDIE AOP　カマンベール・ド・ノルマンディー AOP ———————————— 118

CAMEMBERT LE 5 FRÈRES　カマンベール・ル・サンク・フレール ———————————— 120

　肉料理レシピ　カマンベールのパイ包み ベーコン＆じゃがいも風味 ———————————— 122

LIVAROT AOP　リヴァロ AOP ———————————— 124

SOMMAIRE

PONT L'ÉVÊQUE AOP　ポン・レヴェック AOP ————————————— 125
◆ 洋ナシとチーズの間 ————————————————————— 126
　ベジタリアンレシピ　アルパージュ製ラクレットのクルスティヤン アプリコットのチャツネを添えて ———— 128

131
NOUVELLE AQUITAINE
ヌーヴェル・アキテーヌ地域圏

ARRADOY　アラドイ ————————————————————— 152
BIGUNA　ビグナ ————————————————————————— 153
　肉料理レシピ　アスパラガスと生ハム、ブルビのサラダ ———————————— 154
　ベジタリアンレシピ　ロ・ガヴァシュのラビオリ マッシュルームのピュレとヴァン・ジョーヌソース添え —— 157
FLEUR DU JAPON　フルール・デュ・ジャポン ———————————— 158
MOTHAIS SUR FEUILLE　モテ・シュール・フイユ ——————————— 159
◆ 日本のチーズ ———————————————————————— 140
PARTHENAY CENDRÉ　パルトネ・サンドレ ————————————— 142
TOMME D'AYDIUS　トム・ダイデュ ————————————————— 143

145
OCCITANIE, PROVENCE-ALPES-CÔTE D'AZUR & CORSE
オクシタニア、プロヴァンス＝アルプ＝コート・ダジュール地域圏、コルシカ島

LAGUIOLE AOP　ライオル AOP ————————————————— 146
PÉRAIL DU VÉZOU　ペライユ・デュ・ヴェズ ————————————— 147
◆ おいしいパンにはおいしいチーズを ————————————————— 148
ROQUEFORT AOP　ロックフォール AOP ——————————————— 150
　肉料理レシピ　牛リブロースのステーキ ロックフォールのエスプーマ仕立てのソース ———— 154
　ベジタリアンレシピ　セラックのソース エスプーマ仕立て ————————————— 159
　肉料理レシピ　ロックフォールソース ————————————————— 159
TOMME À L'ANCIENNE　トム・ア・ランシエンヌ —————————————— 160
BRIN D'AMOUR　ブラン・ダムール ————————————————— 161
　肉料理レシピ　コルシカ風リゾット ————————————————— 162

165
SUISSE
スイス

スイス チーズマップ ————————————————————— 166
ヴァレー州のアルパージュ —————————————————— 167
◆ ヴァレー州の高地での夏季放牧 ———————————————— 168
◆ 私の幼少時代のチーズ工房 —————————————————— 170
GRUYÈRE AOP　グリュイエール AOP ——————————————— 172
　ベジタリアンレシピ　クロード風マカロニグラタン ————————————— 174
　ベジタリアンレシピ　古いグリュイエールのヴェーゼル風ベニエ 洋ナシのコンフィ添え ———— 178
　肉料理レシピ　ブルーチーズ風味のコルドン＝ブルー ——————————— 181
　肉料理レシピ　クラシックなコルドン＝ブルー ——————————————— 182
　肉料理レシピ　コルドンブルー ヴァレー風 ————————————————— 182

COMTÉ AOP (FRANCE) コンテ AOP（フランス）	184
BEAUFORT AOP (FRANCE) ボーフォール AOP（フランス）	185
ベジタリアンレシピ　コンテ風味のグジェール	186
BREBIS ブルビ	188
COLOMBETTES コロンベット	189
FROMAGE MARINÉ AU MARC D'HUMAGNE フロマージュ・マリネ・オ・マール・デュマーニュ	190
GLETSCHERBACH グレチャーバッハ	192
PETIT VALAISAN FUMÉ プティ・ヴァレザン・フュメ	193
SBRINZ AOP スプリンツ AOP	194
肉料理レシピ　スプリンツのクリーミーリゾット カエルのモモ肉＆ズッキーニ添え	196
ベジタリアンレシピ　スプリンツ風味のセロリのリゾット	199
TOMME DES MAYENS トム・デ・マイエン	200
TOMME DE TROISTORRENTS トム・ド・トロワトレント	201
◆ラクレットのすべて	202
ベジタリアンレシピ　クネプフル	209
ベジタリアンレシピ　リーキのタルト	210
肉料理レシピ　アルパージュ製チーズのクルート ハムと目玉焼き添え	213
VACHERIN FRIBOURGEOIS AOP ヴァシュラン・フリブルジョワ AOP	214
◆フォンデュ	216
ベジタリアンレシピ　夏のフォンデュ	219

221 AILLEURS EN EUROPE
ヨーロッパ諸国のチーズ

HALLOUMI PDO ハルーミ PDO	222
FETA PDO フェタ PDO	224
ベジタリアンレシピ　フェタのパピヨット仕立て	226
ベジタリアンレシピ　フェタのブリック包み	226
MOZZARELLA DI BUFALA CAMPANA DOP モッツァレッラ・ディ・ブーファラ・カンパーナ DOP	228
PARMESAN OU PARMIGIANO REGGIANO DOP パルメザン、パルミジャーノ・レッジャーノ DOP	230
TALEGGIO DOP タレッジョ DOP	231
◆チーズ早見表	232
GOUDA ゴーダ	234
索引	239
謝辞	249

本書のレシピについて
● 大さじ1＝15㎖、小さじ1＝5㎖。
● 卵はM（中）サイズを使用。
● 市販品を使う場合、パッケージの使い方をよく読んでお使いください。
● オーブンは、お使いのメーカーや機種によって温度や予熱時間、焼き時間に差が出るため、適宜調整してください。
● 本書で紹介しているチーズは大変めずらしく、著者のECサイト以外では購入が難しいものが多いようです。チーズをはじめ、本書で使用している材料や道具がお手元になかったり、入手できない場合は、それぞれの専門店にお問いあわせいただいたり、近いもので代用してください。近いものをご使用の場合、生地やフィリングがあまるなど誤差が生じることがあります。別途活用していただくことをおすすめします。

Pourquoi ce livre ?

はじめに

◆

本書は、チーズについてさほど詳しくなくても、チーズが好きな方のための本だ。たとえ
ば、ソーシャルネットワークで私をフォローすることで、チーズの世界は無限に広がり、
市場にあふれる量産型のものより優れたチーズがあることを知るだろう。少し意識しな
がら、しかし頭でっかちにならずに、おいしいチーズを味わうように、この本を読んでも
らいたい。好奇心をもってさまざまなチーズに触れ、チーズの魅力を知り、そして何より
もチーズの世界を楽しんでほしい。

工場製のチーズは私の選択肢にはない。本書を読んで、産地に根差した本物の味わ
いを（再）発見するきっかけになればと願っている。チーズをもっと上手に選べるようにな
っていただけたら幸いだ。工場製の安価なカマンベールをふたつ買うよりも、無殺菌乳
から作られたフェルミエ製（酪農家製）のカマンベールをひとつ買う方が、そのおいしさに
喜びは倍増のはず。たとえ、本書を読みおわったあと、読んだことをすべて忘れてしま
ったとしても、「おいしいものを食べたい」「違うアプローチでチーズを楽しみたい」とい
う欲求にかられるのであれば、私は本望だ！

クロード・ルイジエ

上質なチーズを求めて、ここにたどり着いたみなさん。本書以外でも、素晴らしい味わいの旅へお連れしよう。
オンラインショップは、唯一無二のチーズの宝庫だ。また、ソーシャルネットワークでも、さまざまな情報を発信
している。
☞Web　www.luisier-affineur.fr（フランスサイト、フランス語）、
　　　　www.luisier-affineur.ch（スイスサイト、フランス語、ドイツ語、イタリア語）
☞Instagram　@luisier_affineur_fromages（フランス語）
☞Youtube　Luisier Affineur（フランス語）
☞Facebook　Luisier Affineur（フランス語）
☞Tiktok　@luisieraffineur（フランス語）

Mon histoire : comment je suis devenu affineur

チーズとの出合い、熟成士への道

◆

私はごく幼いころから、おいしいものの虜になった。しかしそれは、いわゆるごちそうではなく、その土地の産物やシンプルで本物の良質な食材を使った料理だ。

私がまだ8歳のころ、両親はレストランを開業した。父の得意料理はコック・オ・ヴァン（鶏のワイン煮込み）で、厨房のすぐ脇の原っぱで飼育した鶏を使って調理していた。ラクレットチーズは、山の牧草地で育てた牛のミルクから作った自家製であったし、サラダ用の野菜は母の菜園で採れたものだった。レストラン併設の小さな食料品店のお客さまがサラダ用の野菜を買いたいと言うたびに、採りに行くのは私の役目だった。これらすべてが、「食材」に対する私の味覚を育んだ！

私の進路は明確だった。ホテル・レストラン学校で学んだあと、おのずとホテル業、レストラン業、ケータリング業に携わった。その当時、私はお客さまに提供するおいしいチーズを探していた。そんななか、祖母の古い家を引き継ぐことになり、そこで私は200年以上経っている貯蔵庫を発見した。アーチ型の天井で壁は分厚く、一定の温度（12℃）と湿度（93％）が保たれている。私はあっけに取られ、そして確信した。「ここでチーズを寝かせなければ！」と。そして冒険がはじまった。

私は自家用のチーズを作りたくて、牛を1頭買い、山の牧草地に放した。よい草がよいミルクを育んでくれるようにと、「ポパイのほうれんそう」になぞらえて、長男によってこの牛はポパイと名づけられた。しかし哀れなことに、放牧の最終日に牛は岩場から転落し、私たちは苦渋の決断をする羽目になった。それでも、私の冒険はおわらなかった。牛を飼うことはあきらめたが、チーズにはこだわり続けた。レストランのお客さまにおいしいチーズを提供したいという思いが冒険の発端だったが、情熱の方がまさった。私はすべての仕事を投げうって、チーズだけに専念することにした。

ここ数年、残念ながら私のカーヴ（熟成庫）、すなわち祖母の貯蔵庫は、12℃の温度を保てなくなったため、やむをえずソーラーパネル発電による空調を導入した。しかし現在でも、私のチーズはすべて、この古い貯蔵庫で熟成させている。次のページからは、私たちチーズ作りを営む者たちの仕事についてお話ししよう！

Les métiers du fromage : qui fait quoi ?

チーズにまつわる仕事、それぞれの役割

チーズ熟成士とは？

まず、無殺菌乳から作られた最高級のチーズを入手するのが私の仕事だ。できるだけフェルミエ製（酪農家製）を探すようにしているが、これはますます難しくなっている。無殺菌乳から作られるチーズは、フランス産チーズの10％ほどしかないからだ（p.16）。しかも、この割合は年々減少している。1945年には、100％のチーズが無殺菌乳から作られていた。しかし、60年後には90％が低温殺菌乳を使っている。残り10％の無殺菌乳から作られるチーズのうち、フェルミエ製はわずか3％。2000年にわたる知識と歴史が一掃されたのだ[1]。この数字は2016年に発表されたものだから、おそらく現在の状況はさらに深刻だろう。

熟成士の仕事とは？

チーズをカーヴに入れたら、チーズが完全に熟成し、その特質がすべて表れるようにする。サン＝マルスラン（p.50）なら10日、スプリンツ（p.194）なら12か月以上。それ以上かかるものもある。チーズには賞味期限を設けるべきではない。しかし、古くなりすぎたり、熟成しすぎたりすると、アンモニア臭や苦味が出るのは、明白な事実だ。

チーズが届くと、熟成度合いに基づいて最初の選別をする。すでにかなり熟成しているものは、できるだけ熟成の進行を遅らせるために、冷蔵室に入れる。やわらかすぎて垂れるようなら、いったん乾燥庫で表皮を少し強化してから、カーヴに移す。

1945年には
100%
のチーズが無殺菌乳から作られていた

チーズにまつわる人々

フェルミエ（酪農家）

ミルクの生産者。みずからチーズ作りを手がけ（これがフェルミエ製チーズと呼ばれる理由）、熟成させ、自分のところで販売する場合もある。高地で放牧された家畜のミルクから作られたチーズは、フェルミエ製と区別して「アルパージュ（高地放牧）製」「アルパージュもの」と言うことがある。

レティエ（乳製品加工所）

フェルミエからミルクを集め、チーズなどに加工する（p.20）。チーズの熟成から販売まで手がける場合もある。

ミルク生産	🧀	
チーズ製造	🧀	🧀
熟成	🧀	🧀
販売	🧀	🧀

熟成士のカーヴでの作業

☞ 湿度（93％）と温度（12℃）を常時、一定に調整。

☞ ウォッシュタイプのチーズは、熟成度に応じて、週に1～3回、ブラシと真水で洗う。

☞ 毎日、ペニシリウム・カマンベルティやペニシリウム・カンディダム（いずれも白カビ）などのカビで覆われたチーズをすべて反転させ、チーズが板に付着するのを防ぎ、カビがバランスよく生育するようにする。

☞ 板の掃除。チーズが熟成に達したらすぐに、あるいは板にカビが付着しすぎている場合に行う。

☞ 熟成の早いソフトチーズの発育を綿密に観察し、完熟のタイミングを見きわめ、販売可能な状態か、熟成を停止させるために冷蔵保存が必要な状態かを判断する。

☞ 長期熟成した大型チーズをトライヤーでくりぬいて味見をし、熟成具合をチェックする。

☞ 熟成中のチーズは世話が欠かせない。フェタ（p.224）については、塩水の量をチェックし、必要であれば塩水を足す。スイス南部ヴァレー州に固有のブドウ品種ユマーニュ・ルージュを使ったチーズ（フロマージュ・マリネ・オ・マール・デュマーニュ、p.190）は、適切な時期だと思ったらすぐにマールから取り出し、棚板に並べ、カーヴに入れて白カビをまとわせる。

☞ 洗浄や選別は大変だが、ラクレットチーズの世話は楽しい。ラクレットに不向きなチーズは少ないが、そうしたチーズは、そのまま味わう方がずっとおいしい。

☞ フォンデュ用のミックスチーズに、カーヴから10～15種類のチーズを選ぶ。

☞ 注文が入れば、バランスを取りながらチーズの盛りあわせを用意する（p.46）。

参考文献：1. *France, ton fromage fout le camp !*, Véronique Richez-Lerouge, Éd. Michel Lafon, 2016

熟成士

チーズの製造は行わないが、
熟成とそのための準備を行う。
直売することもある。

クレミエ（乳製品販売商）

販売がメイン。
熟成を行うとは限らない。

チーズ卸商

チーズを仕入れ、
スーパーマーケットなどに卸す。

15

Laits
cru, thermisé, pasteurisé...

無殺菌、
低温加熱処理、
低温殺菌のミルク

伝統的に、チーズを作るには搾乳温度のミルク、つまり32℃のミルクを使う。繰り返し言うが、チーズは生き物であり、無殺菌乳で作るのが自然で本来の方法だ。しかし現在、フランスのチーズ生産量のうち、無殺菌乳の割合はわずか10％。なぜこのような異常事態が起きたのだろうか？

ミルクは決して豊富にあるとはかぎらない。よって、大手メーカーを中心にチーズ産業は、東欧諸国から桁外れの量の牛乳を低価格で購入する必要があり、低温殺菌に頼らざるを得ないのが現状だ。無殺菌乳は長旅には耐えられないからだ。

低温殺菌されたミルクは変質している。私は低温殺菌乳から作られたチーズを、カーヴで熟成させようとしたことがある。だが、数週間経っても味は改善されず、熟成が進んでまずくなるのがせいぜいだった。一方、低温加熱処理乳で作られたチーズを熟成させると、よい結果が得られることもあった。ミルクをあまり加熱しないことで、善玉菌の一部が保存され、変質が抑えられるのだ。私の地元の表現を使えば、「よい意味で期待を裏切られる」こともあるということだろう。

無殺菌乳から作られた良質なフェルミエ（酪農家）製チーズに勝るものはない。とある講習会で、ニュートラルな（中性の）チーズの塊にピペットで化学薬品を数滴たらすだけで、「フェルミエ製」や「アルパージュ製」「カマンベールチーズ」など、好きなチーズを作ることができると教えられたことがある。購入の際にはくれぐれも気をつけたいものだ。

フランスの保健衛生機関からの注意喚起も忘れずに

専門家による予防措置にもかかわらず、無殺菌乳は牛の消化管に存在するサルモネラ菌、リステリア菌、大腸菌などの病原性細菌によって汚染されている可能性がある。フランスの保健衛生機関は、これら細菌の影響を受けやすい人をまもるため、5歳未満の子ども、妊娠中の女性、免疫系が弱っている人は、無殺菌乳や無殺菌乳から作られたチーズを摂取しないよう勧告している。

無殺菌乳

- 未処理、未殺菌、未加熱処理。
- フランスでは、原産地呼称保護制度（AOP、AOC）および地理的表示保護（IGP）チーズの4分の3が無殺菌乳から作られている[1]。
- バクテリア、酵母、カビなど、ミルクに存在するすべての微生物が、ミルクの微生物叢（ミクロフローラ）を構成している。

1400
種類のバクテリア

無殺菌乳には12属のこの数のバクテリアが存在。

1000
種類のバクテリア

AOPチーズに存在するバクテリア。そのうち、約400種類は表皮に特有なバクテリア、190種類は生地にのみ存在するバクテリア。

平均
5000
の微生物

チーズの生地1mlあたりに生息[2]。

同じ微生物叢をもつミルクやチーズは存在しない。

ほんの数kmしか離れていない農家でも、微生物叢は異なる！

季節によってミルクに存在するバクテリアは異なる。

参考文献：
1. https://agriculture.gouv.fr/le-fromage-au-lait-cru-une-filiere-de-qualite-qui-valorise-les-territoires
2. Françoise Irlinger, ingénieure de recherche en microbiologie à l'Inra https://www.sciencesetavenir.fr/nutrition/reportage-les-bacteries-recherchees-dans-le-lait-cru_139592

低温加熱処理乳

57℃〜68℃ で
約15秒間加熱

低温殺菌乳

68℃〜85℃ で
約30秒間加熱

クロードの見解

低温加熱処理乳にしろ、低温殺菌乳にしろ、有害な微生物を死滅させることが目的だが、残念ながら有用な微生物も一掃されてしまう。そして、動物たちが食べたさまざまな草がもたらす風味もすべて失われることになる！

Comment fabrique-t-on le fromage ?

チーズはどのように作られる？

チーズを作るには、牛、羊、山羊、水牛のいずれかのミルクが必要だ。これらの家畜たちが頻繁に外で草を食み、その土地のさまざまな特性から恩恵を受けていればいるほど、おいしいチーズになる！　このことだけは断言しておきたい。なぜなら、化学の進歩により、やがてはミルクを使わずにチーズを作れるようになるだろうからだ。

ここから、チーズの製造工程について説明しよう。ただし、それぞれのチーズに特有の性質や製造上の違いがあるため、できるだけ簡略化している。大まかに工程を理解してほしい。

搾乳

搾乳したてのミルクの温度は32℃。このミルクにレンネット（凝乳酵素）と乳酸菌を加える。レンネットはミルクを凝固させる役割があるため、これを加えることで固形になる。レンネットは、仔牛や仔羊、仔山羊など、若い反芻動物の第四胃袋「アボマズム」から抽出される。

チーズ製造の工程

❶ 凝固

ミルクのタンパク質が結合し、均質な塊状に凝固する。この凝固した乳を「カード（凝乳）」と呼ぶ。残った液体は「ホエイ（清乳）」と呼ばれる。

❷ カードのカット

休ませたあと、凝固したカードをカットする。塊をトウモロコシの粒大からくるみ大、あるいはそれ以上の大きさの粒にカットすることにより、液体分であるホエイを押し出す。

❸ カードウォッシング（乳糖除去）

チーズバット（キューヴ、桶）に水を加え、乳糖（ラクトース）の濃度を薄める工程。乳糖含有量の少ないチーズになる。また、その後の酸敗を防ぐ。

❹ 加熱、攪拌

ラクレットチーズのようなセミハードチーズや、パルミジャーノ・レッジャーノ（p.230）のようなハードチーズの場合は、カード粒を攪拌しながら加熱する（ラクレットチーズは40℃、グリュイエールは57℃）。

❺&❻ 水抜き、型詰め

カード粒を水切り用の型に入れる。ソフトタイプのチーズの場合、製造工程はここでほぼ終了となる。

❼ 成形、プレス

カードを穴の開いた型に入れ、成形すると同時にホエイを押し出す。ゆっくり押し出すチーズもあれば、プレスしてさらに水分を抜き、大量にホエイを取り除くチーズもある。

❽ 加塩

塩水に24時間浸けることで、チーズがよりかたまるのと同時に、風味をよくする。

❾ 12℃のカーヴで10日以上熟成

カーヴに移し、温度12℃、湿度90％以上の環境でチーズを休ませ、反転させたり、こすったり、手厚く保護される。期間はフレッシュチーズなら10日間、熟成チーズのゴーダ（p.234）やパルミジャーノ・レッジャーノは最長36か月、スプリンツは最長48か月。

ここで紹介したのは基本原則にすぎない。チーズ職人の手、目、ノウハウ、経験がすべての違いを生む。
それぞれが製造の秘密をもっており、時にはそれを後生大事にまもっていく。

19

OÙ SONT FABRIQUÉS LES FROMAGES ?

チーズはどこで作られる？

レティエ製チーズ

- 複数のフェルミエ（酪農家）のミルクを使用。
- 集荷したミルクを使い、乳製品加工所やチーズ工房（レティエ）で作られる。
- 無殺菌乳、低温加熱処理乳、低温殺菌乳を使用。

乳製品加工所で、周辺地域のさまざまな農場から集めたミルクでチーズが作られる。この方法の利点は、ミルクの品質を均質に保てる点だ。最良のミルクを選ぶことができ、残りは飲料用などに利用できる。

原料乳の集荷について

* **2〜3日**ごとに
保温タンクローリーで農場から
ミルクを集める

* 1日に **75km** 走行

* **2万ℓ** のミルクを集荷

出典：フランス全国酪農経済センター（CNIEL）

フェルミエ製チーズ

☞ フェルミエの農場で生産されたミルクのみを使用。

☞ 無殺菌乳、低温加熱処理乳、低温殺菌乳を使用。

牛や山羊がいる場所、つまり牧場で作られる。フェルミエが、放牧からチーズ作りまで手がける。フェルミエは事前の観察に基づき、生産工程を調整する。フェルミエ製は、標準的なチーズとは雲泥の差だ。たとえば、より乾燥した夏には牧草が異なり、チーズの風味も異なる。
つまりワインのヴィンテージのようなものだ。季節、テロワール、気象条件、そして製造工程がチーズの仕上がりに影響を与える。これこそがチーズの魅力だ！

> **クロードの見解**
> 「フロマージュ・アルティザナル（職人のチーズ）」や「フロマージュ・ド・テロワール（郷土のチーズ）」といった呼称は、マーケティングにおける戦略にすぎない。

AOC-AOP :
entre conservation du patrimoine et dérives malheureuses
ＡＯＣとＡＯＰ、伝統の維持と変動のはざまで

今日、「原産地呼称保護制度（AOP、PDO、DOP）」は、もはや品質とテロワール尊重の明白な証しではない。ワインでも、ＡＯＰ認証のワインだからといって、素晴らしいものばかりではないだろう。残念ながら、この呼称をもっていても、製品のクオリティーがその水準にないことはある。

ＡＯＣ、ＡＯＰの起源

フランスで「原産地統制呼称（Appellation d'Origine Contrôlée、AOC）」が誕生したのは、20世紀初頭のこと。目的は不正行為の撲滅と、フランスワインの保護だった。この認証は、次第に他の農産物、特にチーズにも適用されるようになる。1992年、欧州連合（EU）はＡＯＣにならい、ＡＯＣのEU版と言えるＡＯＰ（Appellation d'Origine Protégée）を創設し、欧州全域におけるこれら農産物の規格を統一した。今日、少なくともチーズについては、ＡＯＰがＡＯＣに取って代わっている。

ＡＯＣとＡＯＰは、「明確かつ安定した地域において、伝統的で調和の取れた共通の方法を用いる小規模、中規模、大規模な事業者の多様性の維持」を目的として創設された[1]。つまり、正確な生産規格を定めることで、ノウハウ、伝統、テロワールを保護するのがその目標だった。

無力なＡＯＰ

ＡＯＰチーズに認定されていても、この認証に値しないものが多い。たとえば、フルム・ダンベール（p.37）やブルー・ドーヴェルニュ（p.30）は、無殺菌乳だけでなく、低温殺菌乳からも作ることができるようになった。同じような例は山ほどある。

イギリスでは、スティルトンＡＯＰの規格が無殺菌乳の使用を認めなくなったが、小人数の生産者グループは、これまで通りスティルトンの製造を続けることに決めた。しかし、スティルトンという名は使えないので、スティルトンの町の昔の名前にちなんで、自分たちのチーズを「スティチェルトン（実際の発音はスティケルトーン）」と名づけた。スティチェルトンは昔ながらの職人的な製法と無殺菌乳を使って作られる。また、天然酵母を使用し、長期熟成させる。しかし、ＡＯＰチーズではない。一方、スティルトンＡＯＰは、低温殺菌乳のみを使用し、酵母は工業製で、熟成期間は短い。味わってみれば、スティチェルトンの方が明らかに幅広い風味をもつ！

参考文献：1. *Main basse sur les fromages AOP*, Véronique Richez-Lerouge, Erick Bonnier, 2017

闘いは続く

AOPの真の価値をまもるべく、常に前線に出なければならない生産者もいる。カマンベール・ド・ノルマンディー（p.118）の生産者たちは、規格の完全性をまもるために徹底抗戦している。今のところは踏ん張っているが、いつまでもちこたえるだろうか？ ロックフォール（p.150）も同様で、良心的な生産者の数はどんどん減っている。あと数年もすれば、大手グループが無理を押し通すようになるだろう。

そうしたわけで私は、テロワールとノウハウ重視の、AOP認証の本来の理念を擁護する一方で、危機感を抱いている。もちろん素晴らしいAOPチーズもあるが、何らかの理由でこの認証を受けてはいないが素晴らしいチーズもある。この点を念頭にチーズを買ってほしい。

クロードの見解

無殺菌乳と低温殺菌乳を区別することなく、なぜAOP認証を与えるのだろう？ フォアグラだと偽って鴨のテリーヌを食べたら、どう思うだろう！

チーズラベルの見方

AOCは、フランス原産地統制呼称協会（INAO）が発行する認証。この認証を受けるには、指定された地理的地域における規格の順守が不可欠だ。

EUが発行するAOPは徐々にAOCに取って代わる認証となりつつある。AOCはフランス国内の認証であるため、欧州のAOP認証を取得するための前段階と言えるからだ。「AOC/AOP」と呼ぶこともあるが、これらふたつのロゴは並用できず、AOPのロゴがAOCのロゴに取って代わる。

地理的表示保護（IGP）は、生産の少なくとも一段階が特定の地理的地域で行われた製品に与えられる。AOPに比べて規制が緩い。

LA RACLETTE DU VALAIS AOP
EXEMPLE D'UN CAHIER DES CHARGES VERTUEUX

ラクレット・デュ・ヴァレー AOP、
理想的な規格の一例を紹介しよう

 スイス連邦農業局が発行する公式文書より

第1条　名称および保護
ラクレット・デュ・ヴァレー、ヴァリサー・ラクレット、「ラクレット」の名称は保護されていない。

第2条　指定地域
原料乳の生産、加工、熟成は、ヴァレー州でのみ行われる。

第3条　外観
分類：セミハードタイプのフルファットチーズ。
形状：円形、直径29～32cm、扁平な輪状のチーズで、側面はまっすぐで凹んでおらず、高さは均一（6～7cm）。
側面：チーズの名称がはめ込まれているか、エンボス加工されている。
重量：4.6～5.4kg（大きさは均整が取れている）。
表皮：厚すぎず均一で、自然な褐色からオレンジ色をしており、わずかに湿り気があり、なめらかでかたく、起毛している。
チーズアイ（チーズの穴）：ほとんどなく規則的で、あまり膨らんでいない（トライヤー1回転あたり2～3穴）、エンドウ豆大（最大直径2～3mm）。

第4条　化学的特性
脂肪分を除いたチーズの水分含量は600～640g/kg。
乳脂肪含量は500～549g/kg。
塩分は1.2～2.2％。

第5条　有機的特性
テクスチャー：生地はなめらかで、しなやかでねっとりしている。
香り：フレッシュバターや生クリームの香り。
風味：フレッシュバターや生クリームの味わい。酸味があり、草やフルーツの香りが際立つ。

第6条　飼料

遺伝子組み換えが禁止されているAOPの指定地域内で生産された粗飼料を75％使用。

第7条　原料

搾乳から24時間以内の、熱処理や濾過されていない牛の無殺菌乳。

第8条　牛乳の供給

8℃以下（アルパージュ製チーズの工房の場合は13℃以下）に冷却された搾乳後2時間以内のミルクを、1日1回または2回搬入。最大で2連続搾乳されたミルクで製造する。

第9条　レンネットと添加物

添加物として認められているのは、水、塩、仔牛のレンネット、乳酸菌、モルジュ液のみ。

第10条　生産

- 銅製タンク（最大5000ℓ）を使用。
- 乳酸菌を添加した乳を32℃に加熱。
- 最高30℃から33℃まで昇温。
- チーズ製造工程は次の順序で行われるものとする。すなわち、カードのカット、カードウォッシング（アルパージュ製チーズの工房では任意）、撹拌、加熱（36～45℃）、最終撹拌。
- カードウォッシングは、乳量の10％から15％の飲料水を加えて行う。
- カードは一度圧搾してから、型に入れる。圧搾時間はプレス機（圧搾機）の種類によって異なる。
- 圧搾と水切りの間に、型ごと少なくとも2回反転させる。側面にチーズの名称とカゼインの印をつける。圧搾と水切りには少なくとも4時間かける。
- 水切り終了時の最終pHは5.00±0.2でなければならない。
- 加塩は、塩水に浸けるか、表面に手作業で行う。

第11条　熟成と保管

- 熟成は加塩後すぐに行い、3か月間以上。
- カーヴ内の温度は7～14℃、湿度は88～96％でなければならない。
- モルジュの形成は、チーズ製造所に自然に存在する培養物によって活性化される。リネンス菌（ブレビバクテリウム・リネンス）の使用可能。
- チーズを反転し、やわらかいブラシでこすることを推奨：
  - 1日目から10日目までは毎日
  - 11日目から30日目までは週3回
  - 31日目からは週2回
- チーズは赤いもみの木の板の上に置く。この板は定期的に洗って乾燥させる。

LA CARTE DE FRANCE DES FROMAGES

フランス チーズマップ

この本で紹介するフランスチーズは、フランス全土から選りすぐったものだ。

カマンベール (p.118, 120)
リヴァロ (p.12-)
ポン・レヴェック (p.

ブルターニュ地方

ノルマン

アラドイ (p.132)
ビグナ (p.133)
トム・ダイデュ (p.143)

バスク

AUVERGNE-RHÔNE-ALPES

◆

オーヴェルニュ＝ローヌ＝アルプ地域圏

BLEU D'AUVERGNE AOP

ブルー・ドーヴェルニュ AOP

DATA

原産地：オーヴェルニュ地方	重量：2kg
原料乳：牛乳	熟成期間：60日
分類：青カビタイプ	AOC認証：1975年
風味：際立つ	AOP認証：1996年

19世紀のオーヴェルニュ地方に起源をもつチーズ。とある農家が、ライ麦パンに生えた青カビを、カードに植えつけることを思いついたのがはじまりと言われている。アイデアマンのこの農夫は、チーズに針で空気孔を開けることで、中心部まで空気がいきわたるようにし、カビの育成を促した。この地方には寒冷な洞窟がたくさんあるため、あとはそこでチーズをゆっくり熟成させるだけでよかった。こうして、ブルー・ドーヴェルニュは誕生したのだった！

☞ 無殺菌乳VS低温殺菌乳

今日、ブルー・ドーヴェルニュはフランスで最も有名なチーズのひとつ。1975年にはAOC、1996年にはAOPを取得している。しかし、兄弟分にあたるフルム・ダンベールと同様に、ブルー・ドーヴェルニュのAOP認証基準では、無殺菌乳と低温殺菌乳のいずれも使用が許可されている。私としては、無殺菌乳と低温殺菌乳を区別することなくAOP認証が与えられるということが納得できないのだが、購入する際には、無殺菌乳から作られたものを優先して選ぶことをおすすめする。

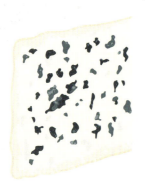

☞ 最も標高の高い農場

ピック家は、中央高地で本格的な農場を営んでいる。クリスチャン、ダニエル、そして義理の妹のソニアは、ピック家の5代目にあたる。かつては単なる酪農家だったが、5年前にブルー・ドーヴェルニュを作りはじめた。現在では数少ない（8軒しか存在しない！）、フェルミエ製ブルー・ドーヴェルニュの作り手だ。

この農場は、ブルー・ドーヴェルニュAOPの生産者の中で最も標高が高いところに位置している！　中央高地南部の標高1130mに位置する、この家族経営の農場では、過去30年間、この農場で生まれた丈夫な品種の乳牛（アボンダンス種とモンベリアール種）約60頭を飼育している。牛たちは、4月中旬から10月中旬まで、花が咲き乱れる広大な牧草地で草を食み、冬の間の飼料は、牧場で生産された飼料（干し草）でまかなわれている。

この生物多様性の環境が、高品質なミルクを育む大きな要因であり、その無殺菌乳から生まれるブルー・ドーヴェルニュAOPは、なめらかでデリケートな風味をもつ。標高の高いところに位置する農場ゆえ、他の山のチーズ同様、ピック家のブルーチーズ（青カビタイプのチーズ）はオメガ3を豊富に含んでいることはまちがいない（p.203）。

☞ 良質なブルーチーズ

青カビの優れたブルーチーズを作るには、他のチーズと同様、良質なミルクを生み出す良質な牧草と豊かな植物相が不可欠だろう。しかし、チーズ職人にとっては、乳脂肪分とタンパク質の比率が適切であることも非常に重要だ。これがカードの安定性（乳脂肪分とタンパク質のバランスが適切なミルクでないと、全体的に均一にかたまらず、ムラがでてしまう）に関わってくる。

クロードの見解

ブルー・ドーヴェルニュは、味わいが力強くも繊細で、チーズプレートに加えれば格が上がるが、料理に使っても素晴らしい。このチーズは、ブルーチーズならではの風味に加え、マッシュルームを思わせるニュアンスが口の中に広がる。

BLEU DE TERMIGNON
ブルー・ド・テルミニオン

> **DATA**
> **原産地**：サヴォワ地方
> **原料乳**：牛乳
> **分類**：青カビタイプ（非加熱圧搾タイプ）
> **風味**：際立つ
> **重量**：10kg
> **熟成期間**：12〜24か月

標高2300mの高地で夏に作られる、アルパージュ製で、重量約10kgの大型タイプ。個性的なチーズだが、生産者が少ないため、おそらく「フランスで最も希少なチーズ」と言えるだろう。今後、次世代の後継者が生まれない限り、ブルー・ド・テルミニオンは消滅してしまうおそれがある。

☞ 少数派のチーズ職人

数少ない情熱的なチーズ職人であるアラン＆アンドレ・ロザズは、共同経営農業集団（GAEC）として活動を行っており、その農場は、イタリア国境にほど近いテルミニオン村の近く、ソーディにあるヴァノワーズ国立公園内にある。きわめてワイルドな地域で、標高が高いため、牧草は少ないながら非常に上質だ。

☞ ちょっとした偶然から生まれるチーズ

ブルー・ド・テルミニオンの生地は、粒状で砕けやすい。私はこのチーズを、ブルーチーズに分類するのには反対だ。多くのブルーチーズに用いられる青カビ菌、ペニシリウム・ロックフォルティを添加することも、カードに空気孔を開けて青カビの発育を促すこともなく、青カビが自然にマーブル状に発生するからだ。このチーズの生地はもろい性質のため、空気が内部まで入りやすく、おのずと青カビの発生が促される。あとは自然の力が大きく作用し、まったく青カビ状でないテルミニオンも存在する。そして、この自然まかせの、制御不可能とも言える青カビの増殖こそが、非常にデリケートなこのチーズを生む。

チーズ職人はそれぞれ、何世代にもわたって受け継がれてきた独自の製法や秘伝をまもっており、青カビの発育を促すのに最適なチーズを製造している。

☞ ブルー・ド・テルミニオンの製法

サレールやカンタルと同様に、カードをチーズクロス（細かいメッシュ生地）に包み、この大きなチーズが自立し崩れなくなるまで、何度も圧搾して最大限ホエイを排出する。そのあとカッティングし、粉砕機のようなものにかけて、さらにもう少しホエイを排出してから圧搾する。そして熟成の段階に入る。

クロードのアドバイス
入手困難な「幻のチーズ」と言ってよいだろう。原産地のサヴォワ地方なら見つかるはずだが、それ以外の地域では、チーズ専門店に問いあわせるか、私のオンラインショップでオーダーしてほしい。

RECETTE VÉGÉTARIENNE　ベジタリアンレシピ

TARTELETTES AUX ÉPINARDS,
BLEU D'AUVERGNE ET PIGNONS DE PIN

ほうれんそうとブルー・ドーヴェルニュのタルトレット

レストラン「ル・ソレイユ」ドゥニー・エステル＆ジャン＝モーリス・ミシュロによるレシピ

◆

調理時間：70分

INGRÉDIENTS
材料
直径8cmミニタルト型10個分

ブルー・ドーヴェルニュ
　…100g（小さな角切りにする）
ほうれんそう…200g（下ゆでする）
タルト生地（直径10cmの円形の抜き型で抜いたもの）…10枚
生クリーム…200ml
卵…1個
松の実…10つまみ
植物油、塩、こしょう…各適量

※タルト生地は「リーキのタルト（p.210）」を参考にして作っても、市販品でもOK。

1. タルト型に油を塗り、タルト生地を敷き込む。
2. ほうれんそうに塩、こしょうをして20gずつ生地に広げ、さらにチーズを10gずつのせる。
3. 生クリームと卵を混ぜあわせて塩、こしょうをし、**2**の型に流し入れ、松の実を散らす。
4. 170℃のコンベクションオーブンで30分焼く。

RECETTE VÉGÉTARIENNE ベジタリアンレシピ

VELOUTÉ DE CHAMPIGNONS
ET CRÈME AU BLEU DE TERMIGNON

マッシュルームとブルー・ド・テルミニオンのヴルーテ
ファビアン・クルシスとの共同開発レシピ

◆

調理時間：55分

INGRÉDIENTS
材料
4人分

ブルー・ド・テルミニオン
　…100g（角切りにする）
マッシュルーム…1kg（薄切りにする）
じゃがいも…2個（小さな角切りにする）
玉ねぎ…1個（みじん切りにする）
にんにく…4片（半分に切る）
野菜ブイヨン…1.2ℓ
生クリーム…200㎖
オリーブオイル、ゲランドの塩、5種
　のミックスペッパー、レモン果汁、
　イタリアンパセリ（みじん切りにする）
　…各適量
黒こしょう…適宜

1. 鍋にオリーブオイルを引き、玉ねぎがあめ色になるまで炒める。
2. じゃがいもとマッシュルームを加え、マッシュルームの水気を飛ばすように炒める。マッシュルームがしんなりしたら、にんにくを加えてさらに10分ほど炒める。
3. ブイヨンを全体が完全に浸るくらいたっぷりと注ぎ、強火でいったん沸騰させ、火を弱めて20分煮込む。
4. 鍋の野菜をミキサーに移し、鍋のブイヨンを少しずつ加えながら、好みの濃度になるまでミキサーにかける。塩とミックスペッパーで味を調え、レモン果汁を加えてひと混ぜしてヴルーテを仕上げる。
5. 生クリームを角が立つまで泡立てる。
6. スープ皿にチーズを広げ、4のあたためなおした熱々のヴルーテを注ぐ。
7. 5の生クリームをスプーンですくって浮かべ、パセリを散らし、好みでオリーブオイルをかけ、こしょうをふる。

FLEURON
DES GACHONS

フルーロン・デ・ガション

DATA

原産地：オーヴェルニュ地方
原料乳：山羊乳
分類：シェーヴルタイプ（ソフトタイプ）
風味：おだやか
重量：80g
熟成期間：20日

ロアンヌの北、サン＝レジェ＝シュル＝ヴザンスで、オードリー＆ロッコ・ヌッチオ夫妻が製造する、小型のフレッシュなシェーヴルチーズは見た目が特徴的。側面を面取りした四角錐台だ。

☞ チーズ職人の道へ

このチーズにまつわるストーリーは、人生がいかに予期せぬものであるかを物語っている。オードリー＆ロッコ夫妻はベルギー出身で、もともと犬のブリーダー事業を展開すべく、フランスに移住した。ひょんな偶然から、夫妻はチーズ職人のフランク・ペラールと知りあい、彼の農場で働くことに。そして6年が経ったころ、彼らは農場を引き継ぐことを決意したのだった。

☞ 大量のミルクとカマルグの塩

このチーズを1個作るのに、7ℓものミルクを必要とする。また、レンネット凝固の工程は24時間かかるが、これは乳酸凝固型チーズでは標準的。チーズは4時間ごとに4回反転し、1回目の反転のあとに塩を加えるが、オードリーが愛してやまないカマルグ地方にちなみ、同地方産のフルール・ド・セルを用いているのも特徴だ。

☞ 毎年起こる現象

フルーロン・デ・ガションは、クロタン・ド・シャヴィニョルのようなチーズではなく、フレッシュチーズ（フロマージュ・フレ）なので、美しい純白であってほしい。とはいえ、すべてを司るのは母なる自然で、このチーズは、青や灰色がかった菌に覆われることもある。オードリー＆ロッコ夫妻によると、この現象は毎年同じ時期、搾乳量が最も多くなる2月から4月にかけて起こるという。

クロードの見解

このチーズは、オリーブオイルをかけたグリーンサラダと一緒に楽しむのが、私のお気に入り。とりわけ、ごく若いチーズだと最高だ！

AUVERGNE-RHÔNE-ALPES

FOURMES D'AMBERT ET DE MONTBRISON AOP

フルム・ダンベールAOP、
フルム・ド・モンブリゾンAOP

DATA

原産地：オーヴェルニュ＝ローヌ＝アルプ地域圏
原料乳：牛乳
分類：青カビタイプ
風味：おだやか〜際立つ
重量：約2kg
熟成期間：30〜70日
AOC認証：いずれも1972年
AOP認証：いずれも1996年

どちらのチーズも、「フルム」という名前だけで、非常に古いチーズであることがわかる。と言うのも、「フルム（fourme）」というのは、チーズを意味するフランス語の「フロマージュ（fromage）」の語源だからだ。「成形する」「型に入れる」を意味するギリシャ語の「phormos」が、やがてラテン語の「forma」となり、ミルクを凝固させるための容器を指すようになった。そして、古フランス語の「fourmage」が派生し、「formage」を経て、今日の「fromage」に変化したという。このふたつのチーズの歴史は密接に結びついており、1972年から2002年までは、同一のAOC／AOPチーズとされていた。

☞ フルム・ダンベール

残念なことに、このチーズのAOP認証基準では、無殺菌乳だけではなく、低温殺菌乳も使用が許可されている。しかし、原料が無殺菌乳と低温殺菌乳では、まったく異なるチーズだ！　私のカーヴに並ぶものは、無殺菌乳だけで作られている。このチーズを購入する際には、AOP認証ラベルがついているかどうかだけでなく、原料が無殺菌乳かどうかも確認してほしい。

標高600から1600mの中央高地で作られる、青カビタイプのこのチーズは、中世の時代には存在していたことが証明されている。しかし、フランスが「ガリア」と呼ばれた古代ローマの時代にはすでに、フォレ山地を信仰の場としていたドルイド教徒たちがこのチーズを作っていたとか、カエサルに征服される以前にはすでに、オーヴェルニュ一帯に居住していたアルウェニ族が作っていたという逸話も残っている。

このチーズの製造にあたっては、6軒のチーズ農家が、850軒近い酪農家の無殺菌乳を共有しており、また、9軒がフェルミエ製のフルム・ダンベールを製造している。フルム・ダンベールには、ペニシリウム・ロックフォルティの特定の菌種が用いられ、これがなめらかでクリーミーな生地を生み出す。私がこのチーズを好きなのは、その繊細さ、おだやかでやさしい風味、ニュアンスを添える下草のアロマが感じられるからだ。

☞ フルム・ド・モンブリゾン

フルム・ド・モンブリゾンは、フルム・ダンベールの兄弟分にあたるチーズだが、製法は異なる。最も顕著な違いは、針葉樹エピセア（赤いもみの木）材の樋状の棚（屋根の雨樋を大きくしたようなもの）を使用する点にある。製造工程の最後に、この木製の樋状の棚に7日間寝かし、12時間ごとに4分の1回転させる。こうすることで、ゆっくりと水分が排出され、表皮がこのチーズに典型的なオレンジ色になる。その後、エピセアの木棚に立てて保管する。

☞ さまざまな製法上の違い

多くの製法上の微妙な違いが、このふたつのチーズにそれぞれ独特の個性を与えている。たとえば、フルム・ダンベールのカード粒はトウモロコシの粒サイズと大きいが、フルム・ド・モンブリゾンのカード粒は小麦の粒サイズだ。また、フルム・ダンベールは表面に加塩するのに対し、フルム・ド・モンブリゾンは製造中の生地に加塩される。加えて前述の通り、フルム・ド・モンブリゾンは木製の樋状の棚に寝かせて熟成させるのに対し、フルム・ダンベールは立てて並べて熟成させる。そうした違いから、フルム・ド・モンブリゾンは、特徴的な表皮の色をもち、兄弟分のフルム・ダンベールよりも生地が締まり、青カビの入り方が少ない。

RECETTE VÉGÉTARIENNE ベジタリアンレシピ

CHAUSSONS AU FLEURON
DES GACHONS

フルーロン・デ・ガションのパイ

♦

調理時間：35分（＋休ませる時間30分）

INGRÉDIENTS
—
材料
直径10㎝2個分

フルーロン・デ・ガション…1個
パイ生地（市販品、直径10㎝の円形の抜き型で抜いたもの）…4枚
ほうれんそう…50ｇ（ざく切りにする）
卵…1個（溶きほぐす）
塩、こしょう…各適量

1. パイ生地2枚に、縁まわりを1㎝残してほうれんそうを1/4量ずつのせる。

2. チーズを横に半分に切り、ほうれんそうの上にひとつずつのせる。残りのほうれんそうで各チーズを覆い、塩、こしょうをする。

3. 生地の縁まわりに溶き卵を塗り、残りの生地2枚をそれぞれかぶせ、端をフォークで押さえて閉じ、冷蔵庫で30分休ませる。

4. 生地の表面に溶き卵を塗る。

5. 天板にのせ、200℃のオーブンで15分焼く。

Le petit truc en +
ポイント

パイ生地は、オーブンに入れる前にしっかり冷蔵庫で
冷やしておくと、焼きムラなくきれいに焼きあがる。

CÔTES DE BETTE
À LA FOURME D'AMBERT

フルム・ダンベールのスイスチャード包み

レストラン「ル・ソレイユ」ドゥニー・エステル＆ジャン＝モーリス・ミシュロによるレシピ

◆

調理時間：1時間（＋休ませる時間30分以上）

INGRÉDIENTS
材料
4人分

フルム・ダンベール
　…100g（粗くおろす）＋適宜（仕上げ用）

スイスチャード（フダンソウ）…250g

エシャロット…1個（みじん切りにする）

生クリーム
　…100ml＋適宜（仕上げ用）

コーンスターチ…小さじ1/2

レモン果汁、無塩バター、塩、こしょう…各適量

オリーブオイル…適宜

1. スイスチャードの下ごしらえをする。
    a. 洗って葉と茎に切りわける。
    b. 葉は塩を加えた湯（材料外、適量）で30秒〜1分ゆで、すぐに冷水（または氷水、材料外、適量）にとって冷やし、水気を切る。4人分にわけておく。
    c. 茎はみじん切りにし、レモン果汁と塩を加えた湯（材料外、適量）でゆで、よく水気を切っておく。
2. バターでエシャロットを炒め、生クリームとチーズを加え、沸騰させた状態で1分ほど煮る。
3. 1-cとコーンスターチを加えてよく混ぜ、塩とこしょうで味を調えてフィリングを仕上げたら、そのまま置いて冷ます。
4. 小さなボウルにラップを敷き、1-bの葉を1人分広げ、3のフィリングをスプーン1杯分のせて包む。同様にして残りの3人分も作る。
5. 冷蔵庫で30分以上冷やしたあとボウルから出し、天板にのせ、150℃のオーブンで20分あたためる。
    ※盛りつけの際に好みでチーズや生クリーム、オリーブオイル、こしょうなどをあしらっても。

Le petit truc en +
おすすめ

この料理は、田舎風ハムやロースト・ポークのつけあわせに最適。

RECETTE VÉGÉTARIENNE　ベジタリアンレシピ

GRATIN DE POLENTA
FRANCO-SUISSE

フランス＆スイス風 ポレンタのグラタン

♦

調理時間：45分

INGRÉDIENTS
―
材料
4人分

フルム・ダンベール
　…300g（薄切りにする）
ラクレット用チーズ（アルパージュ製）
　…250g（薄切りにする）
ポレンタ粉…250g
赤玉ねぎ（大）…1個（薄切りにする）
水…800㎖
牛乳…200㎖
無塩バター…40g
塩、こしょう…各適量

1. 鍋に水と牛乳を入れて沸騰させ、塩とこしょうをし、バターを加える。
2. ポレンタ粉を加え、かき混ぜながら煮る。
　※煮る時間は、パッケージの記載に従う。
3. グラタン皿の底にフルム・ダンベールを並べ、上に2のポレンタをあたたかいうちに広げる。
4. 表面をラクレット用チーズで覆い、玉ねぎを並べる。
5. 天板にのせ、250℃のオーブンで15分焼く。

Le petit truc en +
おすすめ

前もって作って冷やしておくことができる（冷蔵庫で3日間保存可能）。
その場合、200℃のオーブンで30分焼くように。
単独でメイン料理にしてもよいし、ローストした肉のつけあわせにも最適だ。

PICODON AOP DE DIEULEFIT
ピコドン AOP・ド・デュールフィ

> **DATA**

原産地：アルデッシュ県、ドローム県、
　　　　ガール県（バルジャック）、
　　　　ヴォークリューズ県（ヴァルレアス）
原料乳：山羊乳
分類：シェーヴルタイプ（ソフトタイプ）
風味：おだやか
重量：60〜80g
熟成期間：30日
AOC認証：1983年
AOP認証：1996年

ピコドンは主に、ドローム県とアルデッシュ県で作られる、小型のシェーヴルチーズだ。色は白から青みがかったものまであり、あまり知名度は高くないが、AOP認証によって保護されている。このチーズは、事前にカットせずに丸ごと出し、ゲストの人数にあわせて切りわける。つまり、「わかちあう」という食の醍醐味を堪能するのに適したチーズだ。味わいはクリーミーで、やさしい甘さの中に心地よい酸味がある。

☞ 村の名を冠したチーズ

ここで紹介するのは、デュールフィ村の名のついたピコドンAOP・ド・デュールフィ。アルデッシュ県のヴィヴァレ・チーズ工房で作られ、熟成はドローム県で行われる。現在、デュールフィ製法で熟成を行う認可を受けた工房はふたつしかない。この熟成方法は、ウォッシュしながら熟成させることでチーズを適度にやわらかくし、しなやかにするというものだ。この製法は、昔のチーズ職人たちが、自分たちの郷土の名産であるピコドンを、これからも楽しめるようにと開発したと伝えられている。

☞ ピリッとする小型チーズ

現在では、チーズをやわらかくする工程は途絶えたが、伝統は息づいている。ピコドンに特徴的なかすかな辛味（熟成が顕著なため）がアクセントを添え、非常に際立った風味のなめらかなチーズに仕上がる。実際、ピコドンという名は、「ピリッとする小型のチーズ」を意味するプロヴァンス語の「picaoudou」に由来している。本当に素晴らしいチーズだ！

REBLOCHON DE SAVOIE AOP

ルブロション・ド・サヴォワAOP

DATA

原産地：サヴォワ県、
　　　　オート・サヴォワ県
　　　　（アルリ渓谷）
原料乳：牛乳
分類：（非加熱）圧搾タイプ
風味：おだやか
重量：240〜550g
熟成期間：30〜60日
AOC認証：1958年
AOP認証：1996年

サヴォワ人というのは、なんと知恵が働くのだろう！ その頭のよさが、ルブロションという素晴らしいチーズを生み出した！

☞ 税金をごまかして作られたチーズ

このチーズの起源は13世紀にさかのぼり、おもしろい逸話が残る。その当時、アルプスの牧草地を借りていた農民たちは、税金を地主（たいていは修道士か貴族）に納めなければならなかった。この納税額は、搾乳量に比例しており、年に1度、検査官が農場から農場へ見まわりにやってきて、搾った牛乳の入ったバケツの数を数えた。しかし、重税に悩まされた農民たちは機転を利かし、検査官が見まわりにきたときには牛乳を全部搾らず、彼らが納税額の計算をしおえて帰ってから、日暮れにこっそりと残りの牛乳を搾ったのだ。そして、そのことが、「ルブロション」という名前の由来になったという。サヴォワ地方の方言で「再び搾乳する」ことを意味する「ルブロシェ」が、「ルブロション」に変化した。かくして、このクリーミーで濃厚な旨味のチーズを、私たちは楽しめるようになったのだった。

☞ フェルミエ製VSレティエ製

ルブロションにはフェルミエ製とレティエ製がある。フェルミエ製は表面に丸い緑のカゼインマーク、レティエ製は赤いマークがついているので、まちがえることはないが、これらの製法には大きな違いがある。フェルミエ製は1日2回の搾乳直後にミルクを冷蔵せずに作り、カードは手作業でカットしなければならない。

このチーズは、表皮ごと食べるのがおすすめだ。表皮と中身の異なるテクスチャーを楽しむことができる。また、何よりも、乳酸由来の酸味と豊かなミルクの風味が醍醐味だ。多くのチーズに見られるように、ほのかなヘーゼルナッツの風味がアクセントを添える。

☞ タルティフレットのためのチーズ

ルブロションは、スキー場で定番のサヴォワ料理タルティフレットに欠かせない。タルティフレットは、ゆでたじゃがいもに玉ねぎとベーコンを加え、ルブロションをたっぷり散らして焼いたグラタン料理。たまらないおいしさだ！

チーズ雑学

このチーズの表皮は、オレンジ色がかった黄色をしているが、ミルクの天然成分であるカゼイン由来のものなので、表皮も食べることができる。

オーヴェルニュ＝ローヌ＝アルプ地域圏

Élaborer un plateau de fromages équilibré

チーズプレートの極意

私はもう40年以上もチーズプレートを作っているが
バランスの取れたプレートを実現する上での基本は変わらない。
また、必ず、味わいがおだやかなチーズから
濃厚で際立つチーズへという順で食べてほしい。

チーズの選び方

1から**5**の順にチーズを選ぼう。

1. ソフトタイプのクリーミーなチーズを選ぶ
カマンベール、ブリア=サヴァラン、トム・デ・マイエン、サン=ネクテールなど。

2. シェーヴルやブルビのチーズを選ぶ
ブルビチーズは羊乳のチーズ。苦手な人もいるので量は控えめに。

3. 若いセミハードチーズを選ぶ
コンテ、グリュイエール、アルパージュ製チーズ、モルビエなど。

4. よく熟成したチーズを選ぶ
エポワス、マロワール、スプリンツ、パルミジャーノ・レッジャーノ、ミモレット、ゴーダなど。

5. ブルーチーズと、長期熟成したチーズを選ぶ
フルム・ダンベール、ブルー・ドーヴェルニュ、ロックフォール、3年熟成のボーフォール、1年以上熟成したアルパージュ製チーズなど。

シーンに応じた量の目安

☞ **アペリティフ（食前酒）のチーズプレート**
1人あたり80～100g、チーズは5～7種類。

☞ **食事の締めのチーズプレート**
1人あたり100～120g、チーズ5～7種類。

☞ **サラダなど一皿料理の場合**
1人あたり250～300g、最大チーズ10～12種類。

チーズの並べ方

☞ 大きなものから小さなものの順で並べる。まずは、プレートに一番大きなチーズを並べ、一番小さなチーズは最後に。

☞ チーズとチーズの間隔は離す。チーズどうしが触れないように。

チーズのお供を添える

コンフィチュール（ジャム）、チャツネ、ナッツ、レーズンなど、チーズのつけあわせは好みにあわせて選ぶ。「チーズ×パン」のマリアージュ（ペアリング、p.148）、「チーズ×コンフィチュール」のマリアージュ（p.126）はのちほど紹介しよう。

さあ、これで準備完了だ。おいしく召し上がれ！

La bonne découpe des fromages...

チーズの上手な切り方

チーズプレートが完成したら、あとは切りわけるだけ。
ただし、チーズプレートは、最後のゲストが選ぶまで美しく、見栄えよく保つのが原則だ。

円盤形のチーズは、
ホールケーキを切りわける要領で、
放射状にカットする。

カマンベールなど円盤形のチーズ

コンテなど

大きなチーズは、端から短冊状にカットする。
端の部分は、表皮だけになってしまわないように
気をつけよう。

円筒状のチーズは、カットが最も簡単。
端から輪切りにする。

サント＝モール＝ド＝トゥーレーヌなど円筒状のチーズ

...et les bons outils !
チーズカッティングの道具

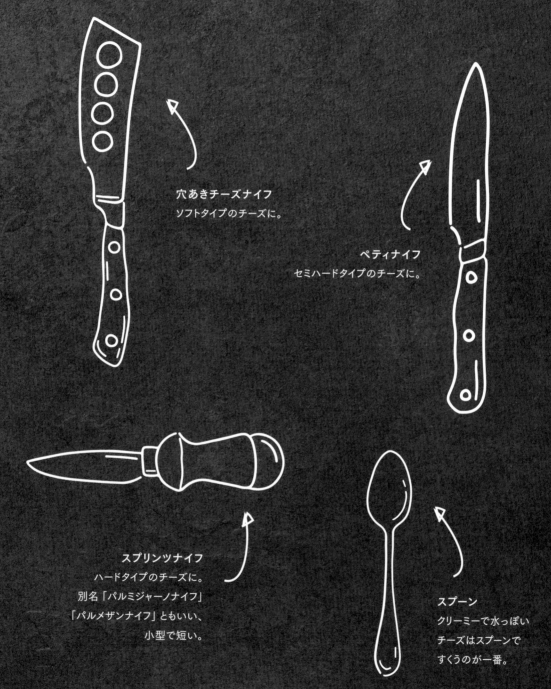

穴あきチーズナイフ
ソフトタイプのチーズに。

ペティナイフ
セミハードタイプのチーズに。

スプリンツナイフ
ハードタイプのチーズに。
別名「パルミジャーノナイフ」
「パルメザンナイフ」ともいい、
小型で短い。

スプーン
クリーミーで水っぽい
チーズはスプーンで
すくうのが一番。

☞ プレートに並べるときと同じように、皿に盛りつけるときにも、
味わいがおだやかなチーズから濃厚で際立つチーズの順に並べよう。

SAINT-MARCELLIN IGP
サン＝マルスランIGP

DATA
原産地：ローヌ＝アルプ地域圏（ドーフィネ地方）
原料乳：牛乳
分類：白カビタイプ
風味：おだやか
重量：最低80ｇ
熟成期間：10〜15日
IGP認証：2013年

サン＝マルスランの歴史は、ある意味、ローヌ＝アルプ地域圏におけるチーズ職人という職業誕生の歴史とも言える。80ｇほどのこの小型のチーズは、牛や山羊のミルクを原料に、もともと農家が家庭用に作っていたのがはじまりで、あまった分が近くの市場で売られていた。

☞ サン＝マルスランをめぐる物語

サン＝マルスランが広く知られるようになったのは、19世紀のこと。その当時、「コクティエ（卵卸売商、家禽卸売商）」または「ラマスール（牛乳、卵集荷商）」と呼ばれる、今では消滅した集荷商という職業が存在した。彼らは地元の農家をまわり、卵やチーズ、家禽や家畜を仕入れ、近隣の町で販売するのが仕事だった。鉄道の発達に伴い、集荷商たちは販売地域を拡大し、サン＝マルスランの需要は急増した。しかし、残念ながら他のチーズと同様に、第一次世界大戦により、ドーフィネ地方の小さなチーズ農家は危機に瀕した。戦後、労働力の需要が爆発的に高まり、多くの農民が、より楽な生活環境を求めて町へ移り住んだのだ。サン＝マルスランの生産は途絶えそうになり、供給難に直面した集荷商たちは、チーズ工房を設立すべく結集した。そして、このチーズの生産を組織化し、規格化したのだった。

☞ 青カビタイプのサン＝マルスラン⁉

サン＝マルスランと聞けば、とろっとなめらかなチーズを想像して、きっとつばを飲むことだろう。サン＝マルスランが私のカーヴに届くときには、ごくフレッシュで、表皮は真っ白。まだかたい状態だ。数日すると、表面はきれいな白い細菌で覆われる。熟成期間が長いほど、この細菌（カビ）は青っぽくなっていく。しかし、素晴らしいカビが育成するチーズすべてに当てはまるように、必ずしもよい状態になるとは限らない。カーヴも、カビも、そして自然環境も、思い通りには動いてくれないことがあるのだ！　たとえば春、サン＝マルスランは気まぐれで、青みがかった細菌はほとんど生育しない。しかしその一方で、非常にクリーミーに、とろとろになる。私は小さなスプーンをカーヴに常備しており、時々こっそり味わっている。サン＝マルスランは乾燥させた状態でも食べることができ、かつては「トミエ」と呼ばれるカゴに入れ、この地のもうひとつの特産品であるくるみの乾燥場に吊るし、吹き抜ける風で自然乾燥させるのが伝統だった。

チーズ雑学

サン＝フェリシアンは、サン＝マルスランの兄弟分として位置づけられるチーズだが、サン＝フェリシアンの方がひとまわり大きく、生クリームを加えて作られるので、さらにまろやかでクリーミーだ。

SAINT-NECTAIRE AOP

サン＝ネクテールAOP

> **DATA**

原産地：オーヴェルニュ地方
　　　　（カンタル県と
　　　　ピュイ＝ド・ドーム県各地）
原料乳：牛乳
分類：（非加熱）圧搾タイプ

風味：おだやか
重量：約1.5kg
熟成期間：30～90日
AOC認証：1964年
AOP認証：1996年

スイスのチョコレートバーの広告で、「ダイナマイトだ!」という有名なコピーがあるが、サン＝ネクテールならさしずめ、「火山だ!」といったところだろう。味わいが強烈という意味ではない。見た目からだ。生地はきめ細かく繊細な風味だが、表皮はざらざらしており、汚らしくさえ見える。しかし、見た目が醜いほどチーズはおいしい！　私がサン＝ネクテールを「火山のチーズ」と呼ぶ理由は、このチーズがオーヴェルニュ地方の死火山で生まれたからでもある。

☞ ワインからチーズへ

サン＝ネクテールは、フランスで最もポピュラーで、最も広く消費されているチーズのひとつだが、AOPに認定されている地域はフランス、そしてヨーロッパでも最も小さなアペラシオンのひとつだ。19世紀末、害虫フィロキセラ（ブドウネアブラムシ）により、ヨーロッパ中のブドウ畑は壊滅状態になった。オーヴェルニュ地方の農家は、他の生産、とりわけ牧畜にシフトし、それがチーズ製造の飛躍につながった。ワインの貯蔵庫として使われていた洞窟は、サン＝ネクテールの生産者に引き継がれ、そこでチーズの熟成を行うようになった。今では、溶岩洞窟でチーズを熟成させる生産者はごく少数だが、彼らはチーズが自然に熟成する天然の洞窟を利用できるという幸運と利点に恵まれている。

☞ 欠かせない特有のカビ

サン＝ネクテールは驚異的なチーズだ。表皮は、通称「ポワル・ド・シャ（ネコの毛）」と呼ばれる灰色のカビ（ケカビ）で覆われている。このチーズがカーヴにあると、気がかりで仕方ない。このカビが他のチーズについてほしくないからだ。ただし、トム・ド・トロワトレントとトム・ド・サヴォワにつくのは大歓迎だ。
このことは、チーズをめぐるカビの世界がいかにおもしろいかを物語っている。大半のチーズにとっては迷惑でも、このカビはサン＝ネクテールをはじめ、いくつかのチーズには欠かせないからだ。

☞ サン＝ネクテールの味わい

サン＝ネクテールを言葉で表現するなら、繊細で個性的。灰色の表皮に包まれた生地は、驚くほど繊細な味わいだ。このチーズのやわらかさと繊細さにはいつも感動するが、風味は非常に個性的で唯一無二と言える。

☞ 締まったタイプ＆とろっとしたタイプ

カーヴで受け取るとき、サン＝ネクテールの状態は、生産者、生産時期、熟成期間に関係なく、かたいか、とろっとしているかのどちらかだ。この違いが何によるものなのかはわからない。私はとろっとしたタイプの方が好きだ。棚板に多少流れ出るほどにとろっとしていることもあるが、その流れ出たチーズを食べられるのは熟成士の特権だ！

> **クロードの　アドバイス**

サン＝ネクテールが多少かたい場合は、数時間室温に置いておくとよい。クリーミーになる。

PLAT À LA VIANDE　肉料理レシピ

SAINT-MARCELLIN

サン＝マルスランのフォンデュ

レストラン「ル・ブション・プロヴァンサル」
フレデリック＆セバスチャン・モンドゥレによるレシピ

◆

調理時間：25分

INGRÉDIENTS
—
材料

1人分

サン＝マルスラン…1個
はちみつ…小さじ1
アーモンド（スライス）…ひとつかみ
ミックスサラダ、枝つきオリーブ、ライ麦パン、シャルキュトリー（生ハムやソーセージなど）…各適量
チャイブ…適宜（小口切りにする）

1. ココット型（または耐熱のプリンカップ）にチーズを入れ、はちみつをかける。
2. 天板にアーモンドを広げ、150℃のオーブンでこんがり焼き色がつくまで数分ローストする。
3. 2のアーモンドを1のチーズの上に散らし、天板にのせ、180℃のオーブンで10分焼く。
4. 器にサラダ、オリーブ、シャルキュトリーと一緒に盛り、パンを添え、好みでチャイブをのせる。

Les fromages préférés
des Français

フランスで好まれるチーズ

チーズ業界の知りあいや、ランジス中央市場のチーズ部門をはじめ、多くの業界関係者に連絡を取り、独自にフランスで人気のあるチーズの調査を行ってみた。以下に紹介するランキングは、販売量と、あちこちで得た意見、コメント、顧客からのフィードバックに基づいている。

文句なしの第1位は、コンテAOP。やみつきになるチーズで、ひと口味わうと、すぐにもうひと口食べたくなる。そして続くのが、ブリとカマンベール。これらのチーズは、フランスの美食という王冠を飾る宝石と言え、世界中で広く知られ、似たようなチーズが作られている。以上がフランスにおけるチーズの御三家だ。

そして、セミハードチーズのグリュイエール、ボーフォール、モルビエ。ソフトチーズはサン＝ネクテール、ブリア＝サヴァラン、マロワールでこのリストは完成する。

おもしろいことに、このリストにはブルーチーズも、ブルビチーズも、シェーヴルチーズもない。理由は簡単で、きわめて論理的だ。強烈な個性をもつチーズなので、満場一致の賛同は得られないのだった。好き嫌いがはっきりとわかれる。

それでは、季節限定のチーズはどうだろう？　季節限定のチーズは、食べられる時期が限られるので、ランクづけは難しい。

季節限定のチーズの筆頭は、なんといってもラクレット。近年、飛躍的に消費が伸びているが、このチーズの旬は短い。ただし、ラクレットの本場であるスイスのヴァレー州は例外だ。ここでは年間を通して食べられ、夏にはさらに頻繁に消費される。ラクレットはあらゆる祭りに欠かせないチーズだからだ。

ブッラータやモッツァレラ、フェタも季節限定のチーズで、主に夏に食べられる。涼しくなると消費量は激減する。

シェーヴルやブルビチーズは一年中食べられているが、3月から4月にかけて、晴天の日が続く時期に最も需要が高まる。ミルクの生産量が最も多くなる時期だからだ。

そして最後に、最も季節モノのチーズであるモン・ドール。このチーズの製造期間はAOPによって定められている（8月15日から3月15日）。もし、真夏にチーズ店にモン・ドールが並んでいたら、それはまがいものだ。

54

FROMAGES
チーズ

チーズの御三家

コンテAOP | ブリ | カマンベール

主力チーズ

セミハードタイプ
グリュイエール
ボーフォール
モルビエ

ソフトタイプ
サン＝ネクテール
ブリア＝サヴァラン
マロワール

季節限定チーズ

冬
ラクレット
モン・ドール

夏
モッツァレッラ
ブッラータ
フェタ

その他

ブルー | シェーヴル | ブルビ

SALERS AOP
サレールAOP

> **DATA**
>
> 原産地：オーヴェルニュ地方
> 原料乳：牛乳
> 分類：(非加熱)圧搾タイプ
> 風味：おだやか～強い
> 重量：30～50kg
> 熟成期間：12～18か月
> AOP認証：2009年

サレールを知ったのは、20年以上前のことで、「愛好家のためのチーズ」だと言われた。私はこの素晴らしいチーズを研究すべく、オーヴェルニュ地方に足をのばし、中央高地の高原にあるビュロン・ダルグールで、チーズ職人のギィ・シャンボンに会った。「ビュロン」とは、牛飼いや羊飼いの宿泊およびチーズ製造の拠点として用いられる山小屋だ。もうずいぶん昔のことだから、彼は私のことを覚えていないと思うが、あのころ、私たちはまだ若かった。少なくとも、まだ年を取ってはいなかった。

☞ **驚きの製法**

このチーズそのものと同じくらい製法は独特だ。搾乳後のミルクは加熱せず、すぐに「ジェルル」と呼ばれる木樽に集められる。牛乳を加熱せずに、40kgもの石臼形のチーズを作ることができるものだろうか？ 普通なら、ブリーのように広がってしまうはずだ！ サレール作りのポイントは、まさにそこにある。さて、その秘密をお話ししよう。まず、カードをカットしたあとホエイを取り除く。木樽の底に集まったカードをプレス機に移し、1回目の加圧を行って水分を出す。そしてまた加圧を繰り返す。次に、塊をいくつかのブロックに切りわけ、酸性化し、何時間も熟成させる。翌日になると、非常に乾燥した状態になっているので、それを大きなチーズのおろし金のようなものに通す。そして手で加塩し、最後に再びプレスを行い、型詰めして48時間置いておく。この一連の工程を経ることで、ホエイが排出され、凝縮したチーズに仕上がる。実際はもっと複雑な工程だが、できるだけシンプルに説明した。何とも驚くべきチーズだ！

☞ **厳格な規制**

サレールの製造は、4月15日から11月15日の期間に限られ、牧草で育った牛のミルクのみ使用が許可されている。また、「サレール・トラディション（伝統的なサレール）」の場合は、サレール牛のミルクでなければならない。こちらはチーズの表皮に赤いプレートがつき、「サレール・トラディション」の文字と、縁まわりには牛の頭の刻印が入っている。

☞ **サレールの味わい**

じゃりじゃりとした食感で、芳醇な風味が特徴。非常に個性的な、驚きの味わいなので、ぜひ試してみてほしい。サレールの歴史は非常に古く、波乱に満ちている。伝統的なジェルルの使用がフランス衛生管理局から問題視され、一時はその伝統の存続が危ぶまれたが、生産者たちの情熱によりまもられた。何とも素晴らしいチーズだ！

お気に入りポイント

サレール牛の素晴らしさといったら！ 愛らしくて人懐っこい顔をしたサレール牛は、とても魅力的だ。

SÉRAC
セラック

DATA

原産地：サヴォワ地方、スイス
原料乳：牛乳、山羊乳、羊乳
分類：フレッシュタイプ（加熱タイプ）
風味：おだやか
重量：さまざま

アルプスの渓谷周辺に住んでいるか、そこでバカンスを過ごしたことのある人は別として、ほとんどの人が知らないチーズをここで紹介しよう。一般的にチーズの製造工程では、ホエイがタンクに残る。多くの地域では、この栄養豊富なホエイは、飼料に加工されるほか、粉末にして食品や化粧品に用いたり、近年は、流行の美容液風呂などにも利用されている。しかし、スイスの山岳地域では、このホエイから、セラックというチーズが作られる。

☞ チーズもどき

「セラック」という名前は、「ホエイ」を意味するラテン語の「serum」に由来する。いわゆるチーズではなく、まったく異なる方法で作られるものだ。作り方はいたってシンプル。まずは、タンクに残ったホエイを沸騰するまで加熱し（標高の高いところでは沸点が平地よりも低いため、温度は数値化不可）、酢酸を加えて凝固物を浮かび上がらせる。そして少量の塩を加え、フェッセル（水切りチーズかご）に移し、数時間水切りをすれば完成だ。この「チーズもどき」、とりわけアルパージュ製は、プレーンのままグリーンサラダと一緒に食べるのがベスト。タイムとオリーブオイルで味つけし、バーベキューにすることもある。

☞ ヨーロッパ各地にある！

ホエイから作られるこのタイプのチーズは、多くの国で見られる。フランスでは、アヴェロン県の「ルキュイット」、コルシカ島の「ブロッチュ」、プロヴァンス地方の「ブルス」、オート＝ピレネー県の「グルニル」など。イタリアで言えばもちろん「リコッタ」！　ベルギーには「マケ」、ルーマニアには「ウルダ」、チュニジアには「グタ」、マルタ島には「イルコッタ」がある。

クロードのエピソード

長男は子どものころ、このやさしい風味のチーズが大好物で、よく「牛さんのミルクのお菓子が食べたい」と言っていた。

オーヴェルニュ＝ローヌ＝アルプ地域圏

PLAT À LA VIANDE 肉料理レシピ

BALLOTINES DE SÉRAC D'ALPAGE
ET JAMBON CRU AOP DU VALAIS

セラックと生ハムのバロティーヌ

レストラン「ル・ソレイユ」ドゥニー・エステル＆ジャン＝モーリス・ミシュロによるレシピ

◆

調理時間：1時間（＋休ませる時間3時間）

INGRÉDIENTS
材料
バロティーヌ1本分

セラック（アルパージュ製）…150g

生ハム（できればヴァレー州のAOP認証のもの、スライス）…6枚

ダブルクリーム（45％）…250g

大麦…大さじ4（ゆでる）

クリーピングタイム（セイヨウイブキジャコウソウ）…大さじ2（みじん切りにする）
　＋適宜（仕上げ用）

コルニション（中細）
　…4本（みじん切りにする）

ヘーゼルナッツオイル…大さじ4

塩、こしょう…各適量

※生ハムはスライスのサイズによって量を調節する。

1. ミキサーにチーズを入れ、なめらかになるまで撹拌する。
2. ボウルに移し、コルニション、ヘーゼルナッツオイル、大麦、タイム、塩、こしょうを加えてよく混ぜる。
3. ダブルクリームを加えて軽く混ぜ（混ぜすぎに注意）、味を調える。
4. ハムを、ラップの上に少し重なるようにして並べる。
5. 3を絞り袋に入れ、ハムの上に絞り出す。
6. ラップごと円筒状（バロティーヌ形）にきつく巻き、冷蔵庫で3時間休ませる。
7. 冷蔵庫から取り出して切りわけ、ラップをはがして盛りつけ、好みでタイムを飾る。

SÉRAC RÔTI,

OIGNONS RÔTIS EN SALADE, JUS À LA BIÈRE BRUNE

セラックのポワレ ローストオニオンのサラダ仕立て ブラウンビール風味のソースを添えて

レストラン「ダミアン・ジェルマニエ」によるレシピ

♦

調理時間：40分（＋セラックのポワレの下準備24時間以上、オニオンサラダ3～4時間）

PLAT À LA VIANDE　肉料理レシピ

材料
4人分

オニオンサラダ
- 小玉ねぎ…3個（ごく薄切りにする）
- トマトビネガー（またはマイルドな風味のビネガー）…100㎖
- オリーブオイル…大さじ2

玉ねぎのピクルス
- 小玉ねぎ…3個（ごく薄切りにする）
- 砂糖…30g
- 白ワイン…100㎖
- ビネガー…50㎖
- 黒こしょう（できればサラワク産）…10粒（砕く）

ソース
- スモークベーコン（厚切り）…1枚（拍子木切りにする）
- 玉ねぎ…1個（みじん切りにする）
- フォン・ブラン…100㎖
- ブラウンビール（スタウトタイプ）…200㎖

セラックのポワレ
- セラック（アルパージュ製）…300g（2×8cmの短冊切り8つに切り出す）
- タイム（みじん切りにする）、オリーブオイル、菜種油…各適量

- バター…50g
- 塩、こしょう…各適量
- フライドオニオン、タイム…各適宜

※フォン・ブランはチキンブイヨンで代用可。

オニオンサラダ

1. ボウルに玉ねぎを入れ、塩、こしょうをし、ビネガーとオリーブオイルをまわしかけてあえ、3～4時間以上置いてマリネする。使う前に水気を切る。

玉ねぎのピクルス

1. カラメルを作る。
   a. 鍋に砂糖を入れて中火にかけ、砂糖を溶かす。茶色く色づきはじめたら、鍋を揺すりながらさらに砂糖を溶かす。あめ色になったら鍋を火からおろす。
   b. ワインを加え（やけどに注意）、ヘラでよく混ぜてaを溶かす。
2. ビネガーと黒こしょうを加えて混ぜる。
3. 玉ねぎをボウルに入れ、2をまわしかけ、そのまま置いてなじませておく。

ソース

1. フライパンで脂が出るまでベーコンを炒め、玉ねぎを加えてさらに炒める。
2. フォンとビールを注ぎ、表面がゆらゆら揺れるくらいの火加減で15分煮込む。
3. フライパンの中身をミキサーにかけ、ザルなどで濾し、塩、こしょうで味を調える。

セラックのポワレ

1. チーズにオリーブオイルをまわしかけ、タイムをまぶし、真空パックにするかラップで包み、24時間以上置いてマリネする。
2. フライパンに菜種油を引き、1のチーズを並べて片面だけさっと焼く。
3. 2のチーズ2枚でオニオンサラダをはさむ。

仕上げ

1. 鍋にソースを入れて中火にかけ、泡だて器で絶えずかき混ぜながら少しずつバターを加え、なめらかになるまで混ぜる。
2. 器の中央にセラックのポワレを立ててのせ、玉ねぎのピクルスと1のソースをあしらう。好みでフライドオニオン、タイムを飾る。

※葉玉ねぎが入手できれば、写真のように仕上げに細く切った葉を飾っても。

61

RECETTE VÉGÉTARIENNE　ベジタリアンレシピ

CHAUSSONS
AU FROMAGE

ショーソン・オ・フロマージュ

◆

調理時間：40分（＋休ませる時間30分）

INGRÉDIENTS
―
材料
直径10cm 10個分

フェッセル…100g（フォークでつぶす）

グリュイエールAOP（よく熟成した風味が豊かなもの）…100g

パイ生地（市販品）…300g（直径10cmの円形の抜き型で10枚抜く）

キルシュ（チェリーのアルコール）…200㎖

卵…1個（溶きほぐす）

パプリカパウダー…小さじ1/2

塩…ひとつまみ

※フェッセルはリコッタやセレなどのフレッシュチーズで代用できるが、セレを使う場合はおろす。パプリカパウダーとキルシュは好みで量を増やしても。

1. ボウルにチーズ2種、塩、パプリカパウダー、キルシュを入れ、よく混ぜあわせてフィリングを作る。
2. パイ生地の中央にフィリングをのせ、縁まわりを1cm残してまんべんなく広げる。
3. 生地の縁まわりに溶き卵を塗り、半分にたたみ、フィリングのまわりを軽く押さえながらぴったり包み、冷蔵庫で30分間休ませる。
4. 生地の表面に溶き卵を塗る。
5. 天板にのせ、200℃のオーブンで20分焼く。

TARTE AU SÉRÉ
À LA POIRE

セレと洋ナシのタルト

◆

調理時間：1時間10分（＋冷やす時間2時間以上）

RECETTE VÉGÉTARIENNE　ベジタリアンレシピ

INGRÉDIENTS
材料
直径16〜20cmのセルクル型1台分

セレ…150g
スポンジ生地（市販品）…1枚
卵黄…1個分
砂糖…50g
レモンのゼスト…大さじ1/2
板ゼラチン…6g
生クリーム…200ml
牛乳…50ml
洋ナシのシロップ漬け
　…適量（薄切りにする）

シロップ
　水…100ml
　砂糖…50g
　洋ナシのブランデー…50ml

※セレはリコッタやフェッセル、スキールなどのフレッシュチーズでも代用可。

1. ボウルにたっぷりの冷水（材料外）を入れ、ゼラチンを入れてふやかし、水気をしっかり切る。
　※ふやかす時間は、パッケージの記載に従う。

2. シロップを作る。
　a. 鍋に水と砂糖を入れて中火にかけて沸騰させ、混ぜながら砂糖をしっかり溶かしたら鍋を火からおろす。そのまま置いて冷ます。
　b. ブランデーを加えてひと混ぜする。

3. スポンジ生地を型の底に敷き、シロップをかける。

4. ボウルにチーズ、卵黄、砂糖、レモンのゼストを入れて混ぜる。

5. 別のボウルに生クリームを入れて泡立て、冷蔵庫に入れておく。

6. 鍋に牛乳を入れて軽くあたため、1のゼラチンを加えて溶かす。

7. 4に6を注ぎ、泡だて器でよく混ぜる。

8. 5を加え、ヘラで切るようにやさしく混ぜ込む。

9. 3のスポンジ生地の上に8を均一に流し込み、冷蔵庫で2時間以上冷やす。

10. 洋ナシのシロップ漬けを少し重ねながらぐるりと1周並べる。

65

BOURGOGNE-FRANCHE-COMTÉ

◆

ブルゴーニュ＝フランシュ＝コンテ地域圏

BRILLAT-SAVARIN IGP
ブリア＝サヴァランIGP

DATA
原産地：ブルゴーニュ地方
原料乳：牛乳
分類：白カビタイプ
風味：若いものは非常におだやか、
　　　熟成したものは適度におだやか
重量：約700ｇ
熟成期間：30日
IGP認証：2017年

ブリア＝サヴァランと聞けばおのずと、ジャン＝アンテルム・ブリア＝サヴァランを連想する。この人物は、フランスの判事であると同時に美食批評家でもあり、とりわけ1825年に出版された著書『美味礼賛（原題は味覚の生理学）』によって一躍その名を知られるようになった。ブリア＝サヴァランによって初めて、ガストロノミー（美食）は科学であり、芸術であると見なされたのだ。

☞ 美食家へ捧げるチーズ
このチーズが誕生したのは1890年。ノルマンディー地方のフォルジュ・レ・ゾー近郊で、デュブック家が考案し、「エクセルシオール」と名づけたのがはじまりだ。その後、1930年ごろ、パリの有名なチーズ商のアンリ・アンドルゥエが、先の著名な美食家に敬意を表して「ブリア＝サヴァラン」と改名した。今日、このチーズはパリからブルゴーニュ地方の南部にかけての地域で作られている。良質な牛乳に生クリームを加えて作る、脂肪分75％の「トリプル・クリーム」といわれるかなりリッチなタイプだが、健康志向はひとまず忘れて、おいしく食べてほしい！

☞ カビに要注意
ブリア＝サヴァランは、熟成中に最も進化を遂げるチーズだ。カーヴに到着したときには、なめらかで、黄色がかったクリーミーな白色をしている。数日すると、ペニシリウム・カンディダムによって白く覆われる。私としては3週間熟成させるのが理想だが、このカビには注意が必要だ。毎日チーズを反転させないと、カビが棚板にくっついてしまい、ナイフで取り除かなければならなくなる。とはいえ、このカビこそ、ブリア＝サヴァランならではの味わいを生み出す。そして、マッシュルームのような風味に下草を思わせるニュアンスがある、この上質なチーズを作るには、絶対に無殺菌乳でなくてはならない。

チーズ雑学
ブリア＝サヴァランは、食にまつわる多くの名言を残したことでも知られる。
「どんなものを食べているか言ってみたまえ。君がどんな人か言い当ててみせよう」。
「新しい料理の発見は、新しい星の発見以上に人類の幸福に貢献する」。

クロードのアドバイス

このチーズはやみつきになるのでご注意を。まだ若くてあまり熟成していないものは、一日のどんなシーンでも楽しめる。熟成が進むと、より個性的な味わいになるので、昼や夜の食事を締めくくるチーズプレートにぴったりだ。

68　BOURGOGNE-FRANCHE-COMTÉ

COSNE
DU PORT AUBRY

コーヌ・デュ・ポール・オブリー

DATA

原産地：ブルゴーニュ地方
原料乳：山羊乳
分類：シェーヴルタイプ（ソフトタイプ）
風味：おだやか
重量：1kg
熟成期間：20～40日

大半のチーズは円盤形や正方形、長方形だが、このチーズは数少ない円錐形のチーズだ。

☞ ある一家の物語

1940年、パリの南方200kmに位置するニエーヴル県コーヌ＝シュル＝ロワールの駐屯地に赴いたエマニュエルの祖父は、この地方に魅了された。放置されたポール・オブリー農場に惚れ込み、それから1976年までの30年以上、彼と妻のマグリットはそこで牛を飼い、搾ったミルクを周辺地域で販売したという。

☞ 円錐形のチーズ

ポール・オブリー農場を引き継ぐのは、エマニュエルの夢だった。彼は子どものころから、鶏や豚、馬、羊、仔山羊に囲まれて暮らしたいと願っていた。今日、それは現実のものとなった！　エマニュエルとマルグリットは農業を学んだあと、1981年、クロタン・ド・シャヴィニョルを主に、シェーヴルチーズ作りをはじめる。そして、この町の名前からヒントを得て、円錐形のオリジナルチーズを考案した。地元の金物職人にチーズの成形のためにステンレス製の円錐型を製作してもらい、新たな冒険に乗り出したのだ。

☞ 素晴らしいチーズ

コーヌ・デュ・ポール・オブリーは、私がもう何年も扱っているチーズだ。円錐形という形も、大きさも、乳性凝固型チーズにしては破格。1kgもの円錐形チーズが、皿の上に堂々とたたずむ姿を想像してほしい。圧倒的な存在感だ！　私のカーヴでは、このチーズにカビたちが好ましく増殖する。全体が白く覆われ、次第に色とりどりのカビ（緑色と灰色の中間のような色や、オレンジ色のものも）で飾られるようになると、何とも美しい。典型的なシェーヴルチーズの味わいでありながら、ほぐれたり砕けたりする生地が気に入っている。少量ずつ楽しんでほしい！

RECETTE VÉGÉTARIENNE　ベジタリアンレシピ

PRUNES TIÈDES, ESPUMA DE BRILLAT-SAVARIN
ET CRUMBLE ÉPICÉ

ブリア＝サヴァランのエスプーマ仕立て 温製プラム＆スパイシーなクランブルを添えて

レストラン「ダミアン・ジェルマニエ」によるレシピ

♦

調理時間：1時間30分（＋冷やす時間ひと晩）

INGRÉDIENTS
―
材料
4人分

ブリア＝サヴァランのエスプーマ仕立て
- ブリア＝サヴァラン（フレまたはアフィネ）…150g
- 牛乳…80ml
- 生クリーム…50ml
- 板ゼラチン…2g

クランブル
- 無塩バター…50g（ポマード状にする）
- 薄力粉…60g
- ブラウンシュガー…30g
- アーモンドプードル…30g
- カレーパウダー（マイルドタイプ）…少々
- シナモンパウダー、フルール・ド・セル…各ひとつまみ
- 黒こしょう…ミルひとまわし分

温製プラム
- プラム…12個（半分に切る）
- バター…大さじ山盛り1
- はちみつ（山のはちみつなど風味が強いもの）…小さじ1
- 赤ワイン…大さじ1

ミント…適宜

道具
- エスプーマ

クランブル
1. ボウルにすべての材料を入れて混ぜる。
2. 天板に生地を広げ、160℃のオーブンで20分焼く。
3. 冷まして、適当な大きさに砕いておく。

ブリア＝サヴァランのエスプーマ仕立て
1. ボウルにたっぷり冷水（材料外）入れ、ゼラチンを入れてふやかし、水気をしっかり切る。
   ※ふやかす時間は、パッケージの記載に従う。
2. 鍋に牛乳と生クリームを入れて中火にかけ、ひと煮立ちさせる。鍋を火からおろし、1のゼラチンとチーズを加えて混ぜ、蓋をしてそのまま15分置いておく。
3. なめらかになるまでミキサーにかけ、目の細かいザルで漉す。
4. エスプーマに入れ、冷蔵庫でひと晩冷やす。
   ※カートリッジは1本のみ使用。

温製プラム
1. フッ素樹脂加工のフライパンにバターとはちみつを入れ、プラムを炒める。
2. ワインを注ぎ、3分ほど煮る。人肌になるまで冷ましておく。

Le petit truc en +
ポイント

味をマイルドにしたい場合は、
ブリア＝サヴァランの皮を取り除いて使う。
また、フレはフレッシュ、アフィネは熟成したものをいう。

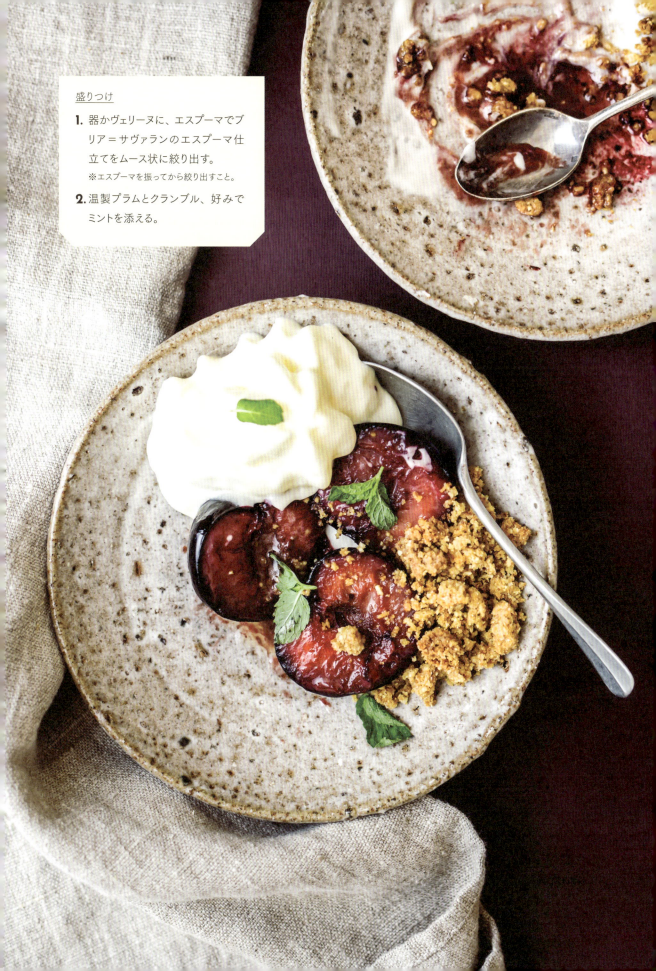

盛りつけ

1. 器かヴェリーヌに、エスプーマでブリア=サヴァランのエスプーマ仕立てをムース状に絞り出す。
   ※エスプーマを振ってから絞り出すこと。
2. 温製プラムとクランブル、好みでミントを添える。

RECETTE VÉGÉTARIENNE　ベジタリアンレシピ

CARPACCIO DE BETTERAVES
ET CRÈME AU FROMAGE DE CHÈVRE FRAIS

ビーツのカルパッチョ シェーヴル・フレのクリーム添え

ファビアン・クルシスとの共同開発レシピ

◆

調理時間：40分

INGRÉDIENTS
材料
4人分

シェーヴル・フレ（ヴァランセなど、フレッシュタイプのシェーヴル）…150g

ビーツ…300g

生クリーム…200㎖

松の実…50g

くるみ…50g

レモン…1個

オリーブオイル…大さじ4

ベビーリーフ（またはスプラウト）…30g

塩、こしょう…各適量

1. ビーツの下ごしらえをする。薄い輪切りにし、塩を加えた湯（材料外、適量）で5分ほど歯ごたえが残る程度にゆでる。ザルにあげて水気を切り、冷ましておく。
2. チーズと生クリームをミキサーにかけ、クリーム状にする。
3. 松の実とくるみをフライパンに入れ、絶えず混ぜながら乾煎りする。焼き色がついたら火からおろし、粗熱が取れたら砕く。
4. ボウルにレモンの皮をすりおろし、果肉をしぼり、オリーブオイル、塩、こしょうを加えてよく混ぜる。
5. 器に1のビーツを並べ、ベビーリーフを広げる。
6. 2をかけ、4をまわしかけ、3を散らす。

MORBIER AOP
モルビエ AOP

DATA

原産地：フランシュ＝コンテ地方
原料乳：牛乳
分類：（非加熱）圧搾タイプ
風味：おだやか

重量：5〜8kg
熟成期間：90〜200日
AOP認証：2002年

表面に灰をまぶしたチーズは多い。これはチーズ職人たちの知恵の賜物で、虫を寄せつけず、好ましくないカビの繁殖を減らし、重ねたときにチーズどうしがくっつかないという利点がある。今日ではその役割は変わったものの、灰はブッシュ・サンドレや、パルトネ・サンドレ、ヴァランセなどのチーズに欠かせない要素になっている。

☞ 特殊な灰づかい

モルビエの場合、表面に灰をまぶすのではなく、植物由来の炭（食用灰）がチーズの中央に黒い線状に入っているのが特徴だ。チーズの世界ではかなりめずらしいこの処置には、もっともな理由がある。この習慣は、19世紀にはじまったと考えられている。チーズ職人たちは、冬の間にミルクが足りなくなり、十分なチーズを製造できなかった。そこで、夕方に搾乳したミルクでチーズを作り、型のなかのカードを薄い灰の層で覆って保護し、翌朝に搾乳したミルクで新しいカードを流し込んで型に詰めるようになった（チーズはこれで完成）。この伝統は受け継がれ、灰はモルビエに欠かせないものとなっている。

☞ ローラン・リーヴ農場

フェルミエ製かつオーガニックのモルビエの、唯一の作り手を紹介しよう。ベルヴュー農場のローラン・リーヴだ。ベルヴュー農場は、ドゥー県の小さな村ヴォークリューズの標高500ｍに位置し、30頭ほどの牛を放牧している。ローランはモルビエの世界では新規参入で、モルビエを作りはじめてまだ２年しか経っていないが、彼のモルビエは素晴らしい！　一般的にモルビエの加塩には、塩水に浸す方法が用いられるが、彼のモルビエは手作業で塩を表面にすり込む。このチーズは3〜6か月熟成させてから楽しむのが理想的だ。それより熟成期間が長くなると、風味が強くなりすぎ、苦くなってしまう。

ちなみに、ローランは、灰を使わずにモルビエを作ったことがあるという。見た目は明らかに変わるものの、味の違いはほとんど感じなかったとのことだ。とはいえ、灰が入っている方が、まるでチーズが呼吸するかのように、よりよく熟成する。やはり、灰のおかげで味がよくなると言ってよいだろう。

チーズ雑学

チーズは、主産地の村や町の名がつけられているものが多いが、このチーズもモルビエ村に由来する！

BOURGOGNE-FRANCHE-COMTÉ

PETIT GAUGRY
プティ・ゴーグリー

DATA

原産地：ブルゴーニュ地方
原料乳：牛乳
分類：ウォッシュタイプ
風味：際立つ
重量：70g
熟成期間：3〜6週間

70gと小型のこのチーズは、フランスならばどこのチーズ専門店でも見つかる。しかし、私がこれまで言い続けてきたことをぜひ実践してほしい。購入する際は注意が必要だ！ プティ・ゴーグリーには、低温殺菌されたものと無殺菌乳から作られたものがある。低温殺菌タイプと無殺菌乳タイプの両方を製造しているメーカーの場合、たとえ作業の質に問題がないとしても、低温殺菌乳由来のチーズを選ぶことはおすすめしない。

☞ チーズ工房「ゴーグリー」

この工房は、ブルゴーニュ地方のブロション村にある。ワインで名高い、かのジュヴレ・シャンベルタン村のすぐ近くだ。5年前からリンセ家がオーナーとなった。リンセ家は8世代にわたってチーズ生産を行っており、現在は3つのチーズ工房を所有している。エレーヌと弟のグレゴワールが、この素晴らしいファミリー企業を経営している。

☞ ブランデーをまとったチーズ

このチーズはエポワスによく似ており（ただし、ずっと小さい）、同じ製法で作られる。食べてみると、乳酸凝固型チーズなのがわかる。無殺菌乳を加熱せずに作られるこのチーズは、ミルクを凝固させる工程が16時間と非常に長く、塩水を使って手作業で塩漬けされる。また、地元のブランデー「マール・ド・ブルゴーニュ」を定期的にすり込むのが特徴的だ。これにより、このチーズならではの色とテクスチャーがもたらされる。そして何といっても、この独自の手法を用いていることが、唯一無二のニュアンスを与えている。

クロードのアドバイス

このチーズは小さな木箱に入った状態で販売されている。その状態のまま、宝石のように大切に保存することで、チーズは熟成を続ける。しかし、必ず冷蔵庫に入れること！ とはいえ、もともと力強い味わいのチーズなので、10日も20日も冷蔵保存するのはおすすめしない。味わいの強い他のチーズと同じく、甘口ワインと相性がよいのでお試しあれ。

PLAT À LA VIANDE　肉料理レシピ

CROQ'MONSIEUR AU MORBIER
ET JAMBON TRUFFÉ

モルビエ＆トリュフ風味のハムのクロックムッシュ

レストラン「ル・ブション・プロヴァンサル」フレデリック＆セバスチャン・モンドゥレによるレシピ

◆

調理時間：30分

INGRÉDIENTS
―
材料
1人分

モルビエ（スライス、大）
　…2枚（1枚40g）
トリュフ風味のハム（スライス、大）
　…1枚（50g）
食パン（スライス）…2枚
トリュフ（薄切りにする）、バター
　…各適量
塩、こしょう…各適宜

1. パンはそれぞれ両面にバターを塗る。
2. 1枚のパンの上にチーズ、ハム、チーズ、トリュフの順で重ね、もう1枚のパンではさむ。
3. フライパンで2のパンの両面を焼いて焼き色をつける。チーズが溶けた状態にしたい場合は、天板にのせ、200℃のオーブンでさらに3分焼く。
4. 器に盛り、好みでトリュフを添え、塩とこしょうをふる。

Le bon vin
avec le bon fromage

おいしいワインとおいしいチーズのマリアージュ

ワインとチーズのマリアージュについて語るのは、大いに結構。しかし、何か原則があるのだろうか？ よいマリアージュとはどんな組みあわせなのだろう？ 結婚カウンセラーを気取るつもりはないが、すべては調和あってこそ。マリアージュがうまくいくのは、一方が他方を凌駕しないのが前提条件だろう。それは我々の結婚生活だけではなく、ワインとチーズにも言えることだ。ワインがチーズを圧倒せず、チーズがワインを圧倒しないときこそ、完璧なマリアージュ……いや、「完璧」は存在しないので、「ほぼ完璧」と言っておこう。

チーズには赤ワインという風潮は依然強い

この風潮は、ガストロノミーにおいて、チーズプレートがメインディッシュのあとに出されることが関係しているのかもしれない。つまり、メインの肉料理と一緒に赤ワインを楽しんだあと、そのまま同じワインを飲み続け、白ワインには戻りにくいからだ。もうひとつの仮説は、チーズと同郷のワインを結びつけてきたというもの。特にフランスでは、赤ワインの生産量が白ワインをはるかに上まわっているため、必然的に赤ワインがリードしてきた。とはいえ、実際は、赤ワインとチーズのマリアージュがうまくいくことはほとんどない。赤ワインはタンニンが強いものが多いので、チーズとあわせると味覚を刺激する。赤ワインがお好きなら、たとえばガメイ種のワインやボジョレーなど、飲み口が軽いものを選ぶとよいだろう。ガメイの果実味と軽さは、チーズとうまくいくはずだ。

一方、白ワインはチーズと完璧に相性がよい。さまざまなブドウ品種があり、ワインの種類も非常に多い。

いろいろ試して、自分にあうマリアージュを見つけるのはあなた次第だ。何よりも、自分自身を満足させることが目的であることを忘れないでほしい。

チーズとワインのマリアージュ

クリーミーなチーズ
カマンベール、ブリア＝サヴァランなど

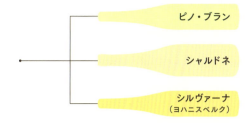

ピノ・ブラン

シャルドネ

シルヴァーナ
（ヨハニスベルク）

酸味の強い白ブドウ品種

ブルビチーズ、シェーヴルチーズ

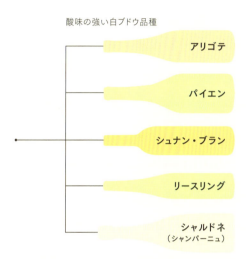

アリゴテ

パイエン

シュナン・ブラン

リースリング

シャルドネ
（シャンパーニュ）

ブルビチーズやシェーヴルチーズをワインにあわせるのは難しい。シェーヴルチーズはワインの味わいを打ち消してしまうことが多い。あわせるなら、酸味の強い白ワインを選ぶとよいだろう。また、シャンパーニュも試してみてほしい！ とりわけ、シャルドネ由来の強い酸味となめらかな口あたりがチーズと好相性で、ゲストを招いたときにも喜ばれるはずだ。

香りや味わいが強く、個性の強いチーズ
ブルー・ドーヴェルニュ、フルム・ダンベール、
ロックフォール、エポワス、マンステールなど

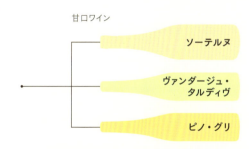

甘口ワイン

ソーテルヌ

ヴァンダージュ・
タルディヴ

ピノ・グリ

こうした個性の強いチーズ（熟成したものならなおさら）に負けないよう、甘口ワインを選ぶとよい。

重厚感のある熟成チーズ
グリュイエール、コンテ、ボーフォール、
スプリンツ、パルミジャーノなど

プティット・
アルヴィン

こうした長期熟成タイプの大型チーズには、ヴァレー州の土着品種、プティット・アルヴィン主体のワインをあわせるのが私のお気に入りだ。このワインは、熟成チーズと同じように、口に広がるほのかな塩味が特徴。

79

RACOTIN
ラコタン

> **DATA**

原産地：ブルゴーニュ地方
原料乳：山羊乳
分類：シェーヴルタイプ（ソフトタイプ）
風味：おだやか
重量：約100ｇ
熟成期間：30〜60日

ラコタンは小さな円筒形のシェーヴルチーズで、クロタン・ド・シャヴィニョルよりひとまわり、またはふたまわり大きなサイズ。このチーズは1970年、チーズ熟成工房「ラ・ラコティエール」の設立とともに産声を上げた。

☞ **チーズ熟成工房「ラ・ラコティエール」**

ブルゴーニュ地方ボーヌの南西に位置するこの工房は、クリストフ・ギエランが代表を務め、年間を通して6人のスタッフが常勤している。ラ・ラコティエール工房の熟成施設には、周辺地域の約30の農家から集められた、型からはずして加塩したばかりのチーズが並んでいる。これらの農家では、それぞれ40〜50頭の山羊を飼育しており、各々が無殺菌乳からチーズを作り、それをラ・ラコティエール工房へ売るというシステムができている。ラ・ラコティエール工房は、15日〜3週間熟成させてから市場に出す。

☞ **色とりどりのカビ**

チーズがラ・ラコティエール工房に到着するときには、まだフレッシュな状態だ。それをいったん乾燥させるが、熟成させることで再びみずみずしさを取り戻す。乾燥させることで風味が凝縮され、締まったテクスチャーになる。熟成が進むにつれ、表皮にさまざまなカビが増殖する。白と青のカビのペニシリウム・アルバムは徐々に緑や灰色に変化し、白カビのジオトリクム・ペニシリウム（私はペニシリウム・カマンベルティと呼んでいる）は美しい白色を呈する。

また、このチーズの表皮には、実にさまざまなカビが発生する。農家ごとのチーズにより発生するカビも異なり、それがチーズの味に直接影響する。実のところ、私はお気に入りの生産者がいくつかあり、その生産者のチーズをうちのカーヴに入れたいと思っている。

☞ **「醜さ」は最高のチーズの証し！**

ラコタンが青でも緑色でも灰色でも心配する必要はない。そして、クロタン・ド・シャヴィニョルや他の多くのチーズと同様に、最高のチーズとは、見た目が美しくつややかなものではなく、さまざまなカビに覆われたものだということをお忘れなく。つまり、「醜い」ほど素晴らしいチーズなのだ！

VACHERIN MONT-D'OR AOP (SUISSE) ET MONT D'OR AOP (FRANCE)

ヴァシュラン・モン=ドール AOP（スイス）、モン・ドール AOP（フランス）

DATA

原産地：ヴァシュラン・モン=ドールはスイスのジュラ・ヴォドワ山脈一帯およびグロ=ド=ヴォー郡の一部、モン・ドールはフランスのオー=ドゥー地域

原料乳：牛乳

分類：ウォッシュタイプ

風味：おだやか

重量：ヴァシュラン・モン=ドールは 350g～3kg、モン・ドールは 480g～3.2kg

熟成期間：30～60日

AOC認証：モン・ドール 1981年

AOP認証：ヴァシュラン・モン=ドール 2003年、モン・ドール 1996年

スイスとフランスの国境一帯で作られているこれらのチーズは、スイス側では「ヴァシュラン・モン=ドール」、フランス側では「モン・ドール」と呼ばれるが、同じタイプのチーズだ。しかし、スイスでは「レ・テルミゼ」と呼ばれる低温加熱処理乳、フランスでは無殺菌乳が原料という大きな違いがある。ヴァシュラン・モン=ドールは1865年から製造されており、2003年にAOPに認定された。かつてはフランスと同様に無殺菌乳から作られていたが、1980年代後半、ヴォー州でリステリア菌が蔓延し、数人の死者が出たため、スイス保健省は低温加熱処理乳の使用を義務づけた。その後、問題の牛乳はすでに低温加熱処理されていたこと、そして細菌による汚染はチーズ農家の敷地内からもたらされたことが判明し、無殺菌乳の名誉は挽回された。つまり、無殺菌乳とはまったく関係がなかったのだ。

☞ 無殺菌乳 VS 低温加熱処理乳？

ヴァシュラン・モン=ドールとは異なり、モン・ドールは無殺菌乳に限られ、また、標高700m以上で産出される原料乳から作られることがAOP認定の基準だ。私は無殺菌乳至上主義者なので、ヴァシュラン・モン=ドールを長年否定し、フランスのモン・ドールしか食べなかった。しかし、最近、低温加熱処理乳から作られたヴァシュラン・モン=ドールであるにもかかわらず、とても上質な逸品に出合った。実際、低温加熱処理は低温殺菌とは異なる。それ以来、私は低温加熱処理乳から作られたチーズにも興味をもつようになった！ むしろ、目覚めたと言えるだろう。

☞ とろとろのチーズ

ヴァシュラン・モン=ドールは、ウォッシュタイプのソフトチーズ。とろとろっとしたタイプが好きなら、このチーズに大満足するはずだ。熟成が進むと、スプーンでないと食べられないほどやわらかくなる。モン・ドールは寒い季節の到来を告げる風物詩で、製造期間は9月から3月に限られている。搾乳期の終盤には、大型チーズを作るにはミルクが十分ではないので、農民たちはこの小型のチーズを作ったのだった。

☞ ほのかな木の香り

このふたつのチーズは、型詰めしてプレスしたあと、ジュラ山脈一帯（フランス側もスイス側も）に生育するエピセアの皮に包まれる。その後、板の上に置かれ、最低17日間、定期的に洗浄と反転が行われる。エピセアの樹皮と板との接触が、これらのチーズに独特な木の香りを与え、わずかに塩辛いホエイの風味を引き立てる。チーズはその後、特有の波紋が出るように、やや小ぶりの箱に入れられる。

フランス産でもスイス産でも、熟成するとクリーミーでとろとろにやわらかくなり、スプーンで食べられる。まったく食べあきないチーズだ！

ブルゴーニュ=フランシュ=コンテ地域圏

PAVÉS DE CHÈVRE PANÉS
ET CHUTNEY DE BETTERAVES

シェーヴルチーズのパン粉焼き ビーツのチャツネ添え

レストラン「ル・ブション・プロヴァンサル」フレデリック＆セバスチャン・モンドゥレによるレシピ

◆

調理時間：シェーヴルチーズのパン粉焼き30分、ビーツのチャツネ1時間45分
※チャツネは数日前に仕込んでおく（冷蔵庫で1週間保存可能）。

INGRÉDIENTS
材料
4人分

ビーツのチャツネ

ビーツ（ゆでたもの）
　…200g（みじん切りにする）
赤玉ねぎ…200g（みじん切りにする）
赤ワインビネガー…200㎖
砂糖…200g
こしょう…3粒
クローブ…2個
シナモンスティック…1本

シェーヴルチーズのパン粉焼き

クロタン・ド・シャヴィニョル（または
ブッシュ・ド・シェーヴル、いずれの場合
も軽く熟成したフレッシュなシェーヴルチ
ーズ）…1個（厚さ1cmに切る）
パン粉…300g
ヘーゼルナッツパウダー…300g
薄力粉…200g
卵…3個
牛乳…少量
バター、塩、こしょう…各適量

ルッコラ、オリーブオイル…各適量

ビーツのチャツネ

1. スパイス類をガーゼに包み、残りのすべての材料と鍋に入れ、蓋をして中火で1時間ほど煮る。蓋を取り、好みの濃度になるまでさらに煮込む。
2. 密閉容器に移し、冷蔵庫で冷やしておく。

シェーヴルチーズのパン粉焼き

1. 卵、牛乳、塩、こしょうはボウルに入れ、よく混ぜあわせて卵液を作り、バットに入れる。
2. パン粉とヘーゼルナッツパウダーは別のバットに入れ、混ぜあわせる。薄力粉はまた別のバットに入れる。
3. チーズの表面に薄力粉をまぶし、1の卵液にくぐらせ、2のパン粉をつける。
    ※焼く直前に、もう一度、卵液にくぐらせパン粉をまぶすと、皮がよりカリっと仕上がる。
4. フライパンでバターを熱して溶かし、泡立ちはじめたら3を並べ、こんがり焼き色がつくまで両面焼く。

盛りつけ

1. 器にシェーヴルチーズのパン粉焼きを盛りつけ、ルッコラを添えてオリーブオイルをまわしかけ、好みでこしょうをふる。ビーツのチャツネは別添えで提供する。

PETITS CHÈVRES DE PROVENCE PANÉS
AUX NOIX ET CARPACCIO DE COURGETTES

ピコドンとくるみのパン粉焼き ズッキーニのカルパッチョ添え

◆

調理時間：20分

RECETTE VÉGÉTARIENNE ベジタリアンレシピ

INGRÉDIENTS
材料
2人分

ピコドン…4個

ズッキーニ…1本（スライサーで縦に16枚スライスする）

卵…1個（溶きほぐす）

パン粉…25g

くるみ…25g（砕く）
　＋適量（仕上げ用、砕く）

薄力粉、オリーブオイル、レモン果汁、チャイブ、ベビーほうれんそう、塩、こしょう…各適量

1. 薄力粉と卵は、それぞれバットに入れる。パン粉とくるみ（25g）は別のバットに入れ、混ぜあわせる。

2. 器にズッキーニを並べ、オリーブオイルとレモン果汁をまわしかけ、塩とこしょうをふる。

3. チーズの表面に1の薄力粉をまぶし、卵にくぐらせ、1のパン粉をつける。

4. フライパンにオリーブオイルを引いて熱したら、3を並べ、こんがりと焼き色がつくまで片面ずつ焼く。

5. 器に盛り、くるみを散らし、チャイブとほうれんそうをあしらう。

PLAT À LA VIANDE 肉料理レシピ

BOUCHÉES DE POMMES DE TERRE AU MONT D'OR
ET LARDONS RÔTIS

モン・ドール&ロースト・ベーコンのじゃがいものブシェ
レストラン「ダミアン・ジェルマニエ」によるレシピ

◆

調理時間：1時間20分

INGRÉDIENTS
—
材料
4人分

ヴァシュラン・モン＝ドール（またはモン・ドール）…1個
新じゃがいも（小）…20個
ドライベーコン（あればヴァレー州産）
　…80ｇ（細切りにする）
小玉ねぎ…1個（みじん切りにする）
にんにく…1片（つぶす）
白ワイン…50㎖
コルニション…適量
こしょう…適宜

1. じゃがいもは皮ごと塩を加えた湯（材料外、適量）でゆでる。粗熱が取れたら、横にして上から1/3ほどのところを切る。下の2/3の果肉をスプーンでくりぬく。上部は仕上げ用に取っておく。
2. フッ素樹脂加工のフライパンにベーコン、玉ねぎ、にんにくを入れて炒め、ベーコンに焼き色がついたらワインを注ぎ、ヘラで底をこそげながら煮詰める。
3. 1のじゃがいもの果肉と2を混ぜあわせ、じゃがいもに詰める。
※フィリングが全部が入りきらない場合、無理に詰めなくてよい。
4. スプーンでチーズをすくって表面にのせ、取っておいたじゃがいもの上部で蓋をする。
5. 天板にのせ、160℃のオーブンで8分焼く。
6. 器に盛り、コルニションを添え、好みでこしょうをふる。

CENTRE-VAL DE LOIRE, ÎLE-DE-FRANCE & HAUTS-DE-FRANCE

◆

サントル＝ヴァル・ド・ロワール地域圏
イル＝ド＝フランス地域圏
オー＝ド＝フランス地域圏

BÛCHES CENDRÉES
ブッシュ・サンドレ

DATA

原産地：サントル地方、スイス
原料乳：山羊乳
分類：シェーヴルタイプ（ソフトタイプ）
風味：際立つ
重量：180〜250ｇ
熟成期間：30日

シェーヴルチーズについて誰かと話をするとき、相手の反応にいつも驚かされる。完全に好きか嫌いかにわかれるからだ。中立国のスイスでさえ、シェーヴルチーズに対しては中立という立場が存在しない。

☞ **スイス名物は牛乳と山だけにあらず**

「スイスのイメージは？」と尋ねたら、雄大な山々や、のどかに草を食む牛を連想する人が多いだろう。もちろん、それはまちがいではない！「では、スイスのチーズといったら？」と尋ねたら、グリュイエールやラクレットチーズ、アッペンツェラーといった、牛のミルクから作られるチーズを思い浮かべるだろう。確かに、スイスの素晴らしいチーズは、牛乳を原料とするチーズだ。しかし、ラクレットチーズの産地であるヴァレー州では、ある農家がチーズの多様化に挑戦している。牛の放牧をやめて、小さなシャモア種の山羊を迎え入れたのだ。
ジャン・ミシェル・ベッソン一家が営むグリミスワットの農場では、フランスのシェーヴルチーズ農家がうらやむような品質のブッシュ・ド・シェーヴルを生産している。このチーズはカーヴに入れるときには真っ黒だが、次第に白色のカビをまとい、表皮全体が灰色に変化していく。また、熟成が進むと非常にクリーミーになるのも特徴だ。パン・ド・カンパーニュ（田舎パン）に塗って食べると、何とも素晴らしい！

☞ **山羊のミルクから作られるチーズ**

「ブッシュ（丸太の意味）」は多くの国で作られている円筒形のチーズで、灰がまぶしてあるものにしろ、真っ白なものにしろ、必ず山羊か羊のミルクから作られる。牛乳を原料としたものには出合ったことがない。また、ブッシュというと、180〜250ｇ程度の小型のチーズであることが多い。最も有名なのは、サント＝モール＝ド＝トゥーレーヌＡＯＰだろう。言い伝えによると、732年のトゥール＝ポワティエ間の戦いで、カール・マルテルの軍勢がイスラム軍を破ったあと、取り残されたイスラムの女性たちが、トゥーレーヌの人々にこのチーズの作り方を教えたことにはじまるという。サント＝モール＝ド＝トゥーレーヌは、無殺菌乳を原料に、レンネットはほとんど加えずに作られる。よく熟したものはクリーミーで、表皮は美しいカビで覆われている。

チーズ雑学

サント＝モール＝ド＝トゥーレーヌは、他のブッシュタイプのチーズとは一線を画すべく、また、模倣品と区別できるよう、生産者の名前が刻まれたわらが１本、中央に通してある。

CROTTIN
DE CHAVIGNOL AOP

クロタン・ド・シャヴィニョルAOP

DATA

原産地：サントル地方
原料乳：山羊乳
分類：シェーヴルタイプ
　　　（ソフトタイプ）
風味：おだやか〜際立つ
重量：約50g
熟成期間：最長2か月
AOC認証：1976年
AOP認証：1996年

シェーヴルチーズ好きなら、クロタン・ド・シャヴィニョルの素晴らしさはご存じだろう。この小型のチーズは、フレッシュなものから、中辛で青みがかったもの、非常に熟したもの、あるいは「ルパセ」と呼ばれるもの（あまり知られていない方法で、つぼに入れて密封熟成させる）まで、いずれの熟成度でも楽しむことができる。それゆえ、自分好みのクロタン・ド・シャヴィニョルがきっと見つかるはずだ！

このチーズは、成形から10日間以上熟成させることがAOPの規定で求められている。また、熟成期間は最長2か月。この段階になると、非常に力強い味わいになり、個性の強いチーズが好きな方におすすめだ。

☞ サンセール地方原産のチーズ

クロタン・ド・シャヴィニョルはもともと、白ワインで名高いサンセール地方で作られていた。山羊の飼育はすでに伝統だったが、ここでもフィロキセラがブドウ畑を壊滅させ、放牧用の広いスペースが確保された。ミルクの生産は増大し、シャンパーニュ・ベリションヌ、ソローニュ・オリエンタル、ヴァル・ド・ロワールといった近隣の自然豊かな地域にも広がった。今日、クロタン・ド・シャヴィニョルAOPの指定地域は、シェール県（サントル＝ヴァル・ド・ロワール地域圏）、ニエーヴル県（ブルゴーニュ＝フランシュ＝コンテ地域圏）やロワレ県（サントル＝ヴァル・ド・ロワール地域圏）まで広がっている。

☞ クロタンの名前の由来

「クロタン」という名は、動物の「糞」を意味する「crottin」から派生したというのは俗説だ。実際は、「穴」を意味するベルリション語の「crot」から派生した。この地方の女性たちは、川のほとりの「クロット（穴）」で洗濯をし、クロットの壁面にこびりついた粘土はチーズの型を作るのに用いられたという。今日では、チーズの型は、AOPの規格にのっとったサイズと形状の、円筒形プラスチックの型に取って代わられた。

☞ 厳格な規則

クロタン・ド・シャヴィニョルの製造において、水切り工程は非常に重要であり、厳格な規則に従って管理されている。水切りを促すためにカードをカットすることも、いかなる水切りを促進するプロセスも禁じられている。第1段階の水切りは必須だが、布の上で行わなければならない。水切りされたカードは、型に入れられるが、その際、手による圧力以外はかけない。

クロードの見解

同じことの繰り返しになり、うんざりしているかもしれないが、あえて言わせてもらう。緑色でも灰色でも青みがかったカビでも、このチーズもカビに覆われているとアロマがその力をすべて発揮し、最高の状態になる。まちがっても、「真っ白で美しい」クロタン・ド・シャヴィニョルは買わないように！　個人的には、風味が強く、青みがかった美しいカビをまとったクロタンが好みだ。生地は依然やわらかいが、乾燥しはじめて少し崩れはじめている状態にある。

選び方

- 若いもの：乳白色で、カビに覆われていない。
- 熟したもの：青みがかったきのこに覆われ、力強い味がする。
- 乾燥したもの：水分が蒸発し、風味が凝縮されている。

出典：crottindechavignol.fr et *cahier des charges de l'AOP crottin de Chavignol.*

RECETTE VÉGÉTARIENNE　ベジタリアンレシピ

CAKE À L'AVOCAT
ET À LA BÛCHE CENDRÉE

ブッシュ・サンドレ＆アボカドのケイク

ファビアン・クルシスとの共同開発レシピ

◆

調理時間：1時間

INGRÉDIENTS
―
材料
長さ20〜25cmの
パウンドケーキ型1台分

ブッシュ・サンドレ（調理中に溶けすぎないように熟成しすぎていないもの）…1個
アボカド…2個
薄力粉…160g
ベーキングパウダー…11g
生クリーム…100㎖
卵…3個
オリーブオイル…100㎖
塩、こしょう…各適量

1. ボウルに薄力粉とベーキングパウダーをふるい入れ、生クリームと卵を加えて混ぜる。
2. アボカドとオリーブオイルをミキサーにかける。
3. **2**を**1**に加え、なめらかになるまで混ぜあわせ、塩、こしょうで味を調える。
4. クッキングシートを敷いたパウンド型に、**3**の生地の2/3量を流し込む。
5. 中央にチーズをのせ、残りの生地を流し込む。
6. 天板にのせ、200℃のオーブンで45分ほど焼く。オーブンから取り出し、15分ほど置いて粗熱を取り、型からはずしてワイヤーラックに移して冷ます。

GLACE À LA BÛCHE CENDRÉE

ブッシュ・サンドレ風味のアイスクリーム

レストラン「ル・ソレイユ」ドゥニー・エステル＆ジャン＝モーリス・ミシュロによるレシピ

◆

調理時間：1時間（＋休ませる時間12時間）

RECETTE VÉGÉTARIENNE　ベジタリアンレシピ

INGRÉDIENTS
—
材料
作りやすい分量1ℓ分

ブッシュ・サンドレ
　…200g（輪切りにする）
牛乳…300㎖
生クリーム…300㎖
卵黄…4個分
砂糖…40g
グルコース…大さじ2
塩…2g

道具
　アイスクリームメーカー

1. 鍋に牛乳と生クリームを入れ、人肌にあたためる。
2. ボウルに卵黄と砂糖を入れ、白っぽくなるまで泡だて器ですり混ぜる。
3. 1に2を加えて弱火にかけ、とろみがつくまでヘラでかき混ぜながら83℃まであたためる。
　※83℃を超えないように注意。
4. 鍋を火からおろし、チーズ、グルコース、塩を加え、ハンドブレンダーでなめらかになるまで数秒攪拌する。
5. ザルで濾し、冷蔵庫で12時間休ませる。
6. 5をアイスクリームメーカーにかける。
　※冷凍庫で1か月保存可能。

Le petit truc en +
おすすめ

私はこのアイスクリームを野菜のカルパッチョにあわせるのが好きだ。

RECETTE VÉGÉTARIENNE　ベジタリアンレシピ

SALADE DE LENTILLES
AU CROTTI N DE CHAVIGNOL

クロタン・ド・シャヴィニョルとレンズ豆のサラダ

◆

調理時間：40分

INGRÉDIENTS
材料
2人分

クロタン・ド・シャヴィニョル
　…2個（1cm角に切る）
レンズ豆…100g
にんじん…1本（小さな角切りにする）
玉ねぎ…1個（みじん切りにする）
くるみ…20g（砕く）
ローリエ…1枚
ドレッシング（好みのもの）…100㎖
イタリアンパセリ、塩、こしょう
　…各適量

1. 鍋にレンズ豆、にんじん、玉ねぎ、ローリエを入れ、水300㎖（材料外）を注ぎ、豆がやわらかくなるまで中火で20分ほど煮る。
　※この段階で塩は入れなくてよい。
2. ザルにあけて水気を切り、煮汁は取っておく。
3. ボウルにドレッシングと煮汁の1/4量を入れ、あたたかいうちに**2**を加えてあえ、塩とこしょうで味を調える。粗熱が取れたら冷蔵庫で冷やす。
4. 器に盛りつけ、チーズとくるみを散らし、パセリをあしらう。

VALENÇAY AOP

ヴァランセAOP

DATA

原産地：サントル＝ヴァル・ド・ロワール地域圏
原料乳：山羊乳
分類：シェーヴルタイプ（ソフトタイプ）
風味：おだやか
重量：約200ｇ
熟成期間：20〜40日
AOC認証：1998年
AOP認証：2004年

ヴァランセの特徴である、頂を切り落としたようなピラミッド形は想像力をかき立てる。円盤形や長方形のチーズが多いなか、そのたたずまいはひときわ目を引く。

☞ ナポレオンにまつわるチーズ

ヴァランセの起源をめぐっては、いくつかの逸話が残っている。一説によると、このチーズはかつてスマートなピラミッド形だった。エジプト遠征で敗れたナポレオンは、側近シャルル＝モーリス・ド・タレーラン＝ペリゴールのヴァランセにある城に立ち寄った際、エジプトのピラミッドを連想させるこのチーズを見て、憤慨。剣を抜き、上部を切り落としたという。この話には、タレーランが切り落としたというバージョンも存在し、そちらではナポレオンがエジプトでの敗北を思い出して気分を害さないよう、気を利かせて細工したと伝わっている。

☞ 真っ黒からグレーに変化

サントル＝ヴァル・ド・ロワール地域圏を代表する、無殺菌乳から作られるこのシェーヴルチーズは、表皮が灰に覆われている。この灰は、私のカーヴに到着したときには真っ黒だが、熟成が進むにつれて薄いグレーに、そして青みがかったグレーへと変わっていく。そう、カビが増殖して灰が覆われ、グレーになるのだ。味わいは、フレッシュなシェーヴルチーズとクロタン・ド・シャヴィニョルの中間のような、至福のチーズだ！

BRIE DE MEAUX AOP
ブリ・ド・モー AOP

DATA
原産地：イル＝ド＝フランス地域圏
原料乳：牛乳
分類：白カビタイプ
風味：おだやか
重量：2.6〜3kg
熟成期間：30日
AOP認証：1992年

「チーズの王様」「イル＝ド＝フランスの至宝」と称されるチーズだが、実際はブリといっても、ブリ・ド・モー（モーのブリ）だけではなく、ブリ・ド・ムラン（ムランのブリ）もあれば、モントローやナンジス、プロヴァンのブリもある。あまりにも種類が多いので、トリュフ入りなどの加工バージョンには触れないでおく。共通点は、「ブリ」という名と、パリ盆地の東に位置する自然豊かなブリ地方が原産地ということだ。しかし、それぞれに特徴や違いがあるので、選択肢は山ほどある。ここでは、最も一般的なブリであろうブリ・ド・モーにフォーカスを当てることとしよう。

☞ チーズの王様
このチーズが「チーズの王様」という肩書を得たのは、1815年に開催されたウィーン会議においてのこと。当時の政治は今とさほど変わらず、議論に次ぐ議論と……和気あいあいとした宴席の数々。とある宴席で、どこの国が最高のチーズを生産しているかという議論がはじまった。外相タレーランがチーズコンテストの開催を提案し、ブリ・ド・モーが1位を獲得。このチーズこそ「チーズの王様」だと宣言されたのだった。しかし、それで決着がついたわけではなく、200年経った今でも「どの国のチーズが最高か」は永遠のテーマだ。

☞ 革命的なチーズ
ブリの歴史は古く、シャルルマーニュ大帝（742〜814年）が高く評価したとの逸話も残る。フランス革命によって、このチーズは民衆のチーズとなった。「富める者にも貧しい者にも愛されるブリは、いち早く平等を説いた」と、ある食通の革命家は、高らかにこう叫んだという。

少し話が逸れたが、ブリそのものに話を戻そう。カマンベールと同じ厚みで、直径35㎝ほどの大きな円盤形の、重さ3kgの大型チーズだ！

☞ 重量3kgのおいしさの秘密
カマンベールよりも大きいため、熟成には少し時間がかかる。しかし、サイズだけが理由ではない。カマンベールは、レードル（ひしゃく）を使って型に入れるが、ブリの場合は、穴のあいた専用のスパチュラ（曲がったヘラ状の道具）を使って型に入れる。そのため、ホエイの少ない、細かいカード粒になる。チーズはホエイの含有量が多いほど熟成が早いので、おのずとブリの方が熟成に時間がかかる。ふわふわで真っ白な表皮には、熟成が進むにつれて赤や黄色の斑が現れる。つまり、熟成期間が長くなるほど、表皮の白い部分は減り、私は満足するというわけだ！　生地は黄みがかっており、バターを思わせるコクとなめらかさがある。何とも贅沢なチーズだ！　味わいは繊細でありながら個性的で、際立っている。特徴的なバターやヘーゼルナッツのような香りは、熟成するにつれてさらに発展する。このチーズは山歩きの際、パン・リュスティックと辛口白ワインと一緒に楽しむのがおすすめであり、私の定番だ。

チーズ雑学
ブリにはさまざまな種類があるが、AOP認証を受けているのは、ブリ・ド・モーとブリ・ド・ムランだけだ。

COULOMMIERS
クロミエ

DATA

原産地：イル＝ド＝フランス地域圏
原料乳：牛乳
分類：白カビタイプ
風味：おだやか
重量：最大500g
熟成期間：30〜40日

チーズの起源や歴史にはさまざまな要素が影響するが、クロミエも例外ではない。「小型のブリ」とも呼ばれるこのチーズは、中世の時代に誕生し、地方の領主の食卓にのぼったという。なお、クロミエという名前は、産地であるセーヌ＝エ＝マルヌ県の町の名に由来する。

☞ **小型のブリ**

すでにブリというチーズが存在していながら、なぜクロミエは誕生したのだろうか？ ブリは直径35cmを超えることもある大型チーズで非常に繊細なため、熟成させるのが難しい。また、当時、吊り下げ設備もない荷車で、悪路をどのように運搬していたかを想像してみてほしい。そこで、「小型のブリ」が開発された。時が経つにつれてその製法は進化し、クロミエという独立したチーズとして発展し、独自の特徴をもつようになったのだった。

☞ **ブリとの違い**

ブリとクロミエは、起源が同じとは思えないほど、まったく異なるチーズだ。このふたつのチーズの製法上の決定的な違いは、ペニシリウム・カンディダムを添加するかしないか。また、もうひとつの大きな違いは、使用する道具だ。ブリは「ブリ用スパチュラ」と呼ばれる専用のヘラ状の道具で型詰めするのに対し、クロミエの場合は、カマンベールの製造で用いられるレードルで型詰めされる。

☞ **クロミエの味わい**

ここまでで、ブリとの違いはわかっていただけたと思う。無殺菌乳のミルクの香りに、下草のようなニュアンスが鼻孔をくすぐる。ブリを食べ慣れている人なら、このチーズならではの香りをかすかに感じるだろう。味わいは、若いものはかすかな酸味が印象的だ。熟成したものは、クロミエならではの風味を残しつつも個性が際立ち、ほのかな苦味がアクセントを添え、素朴さがある。これはクロミエに特徴的な味わいだ。

チーズ雑学

パイ生地に具材を詰めた「ブシェ・ア・ラ・レーヌ（王妃のブッセ）」は、古典的なフランス料理。これはもともと、ルイ15世の妃マリー・レクザンスカが作らせたのがはじまりといわれており、とりわけクロミエを使ったものがお気に入りだったという。

サントル＝ヴァル・ド・ロワール地域圏、イル＝ド＝フランス地域圏、オー＝ド＝フランス地域圏

GALET BOISÉ
ガレ・ボワゼ

DATA

原産地：オー゠ド゠フランス地域圏
原料乳：牛乳
分類：白カビタイプ
風味：おだやか
重量：約400ｇ
熟成期間：30〜60日

チーズ専門店に、くるみのチーズがたくさん並んでいることからも明らかだが、チーズとくるみの相性は抜群によい。このガレ・ボワゼもそんなチーズだ。

☞ **くるみのチーズ**

個人的には、ナッツなど別の素材をあわせたチーズはあまり好きではない。第一、チーズそのものがおいしければ、他に何も加える必要などないからだ。また、たとえばくるみなら、くるみの風味が人工的に強調されすぎていて、チーズとのバランスが取れていないことが多い。しかし、ノール県、リール近郊のロンクにある小さなヴィナージュ農場は、調和の取れたくるみのチーズを作ることに成功している。ここは代々続く農家で、テレーズ＝マリー・クヴルールの代になった1977年から、チーズ作りを手がけている。2019年からは娘のジェラルディーヌ・カペルが、チーズ職人のアレクシと6人のスタッフに支えられながら、家族の伝統を受け継いでいる。

☞ **くるみのリキュール風味のチーズ**

パリのランジス中央市場の業者であるクレマー氏の依頼を受け、ジェラルディーヌは新たなチーズを開発した。まさに大成功と言えるこのガレ・ボワゼは、無殺菌乳から作ったチーズに、くるみのリキュールを定期的に擦り込むだけというシンプルなものだ。しかし、繊細なくるみの風味がチーズの味を昇華させ、洗練された、完璧なマリアージュのチーズが誕生した。このチーズは農場で4〜5週間熟成されたあと、私のカーヴに届く。ちなみに、クレマー氏は、私にとってはチーズの指南役であり、まだ見ぬフェルミエ製チーズの発掘を手伝ってくれている。

MIMOLETTE
ミモレット

> **DATA**
>
> 原産地：ノール＝パ＝ド＝カレー地域圏
> 原料乳：牛乳
> 分類：（非加熱）圧搾タイプ
> 風味：おだやか〜際立つ
> 重量：約2kg
> 熟成期間：3〜24か月

ミモレットの色をめぐっては、政治的背景がからんでいる！

☞ エダムVSミモレット
このチーズは、ルイ14世を財務総監として支えたコルベールが、敵対するオランダからの輸入禁止令を敷いた時代に誕生した。当時、オランダ産のエダムチーズは、フランドル地方で最も人気のあるチーズのひとつだった。それが入手できなくなったため、フランス人はエダムをまねたチーズを作りはじめた。しかし、敵国のチーズと区別すべく、オレンジ色の天然着色料アナトー色素で着色するようになったという。

☞ ミモレットを象徴する色
20世紀になると、ミモレットは徐々に生産されなくなっていった。2000年代になってようやく、工場製ミモレットの生産が再開され、それに続いて農家でも生産されるようになった。このチーズは最低6週間の熟成を経て市場に出まわるが、24か月まで熟成可能で、わずか2kgの小型チーズとしてはかなりの偉業だ。熟成が進むにつれてオレンジ色が深みを増し、また、24か月熟成すると割れるほどの状態になる。

☞ ミモレットに欠かせないダニの存在
ミモレットの熟成には、何と「ダニ」が大きな役割を担っており、表皮に「シロン（コナダニ）」と呼ばれる極小のダニが増殖する。このダニは、チーズの表皮に生えるカビを餌にするため、ダニがかじったあとには穴が開いて凸凹ができ、チーズに空気が入りやすくなるのだ。私のカーヴには、ダニが繁殖した非常に古いチーズがいくつかあるので、チーズを定期的に水とブラシでこすって取り除くしかない。ダニはチーズが大好物で、しかも異常な早さで増殖するため、3年もあれば4kg超のチーズを全滅させてしまう！　何も対処しなければ、セミハードからハードチーズまで、すべてのチーズがあっという間に食べられてしまうだろう。

サントル＝ヴァル・ド・ロワール地域圏、イル＝ド＝フランス地域圏、オー＝ド＝フランス地域圏

Pourquoi certains fromages sont-ils orange ?

オレンジ色のチーズとは？

チーズはミルクから作られる。よってミルク以上に白くするのは難しい。ではなぜ、オレンジ色のチーズというものがあるのだろう？ オレンジ色のチーズは、主にフランス北部に見られる。表皮がオレンジ色のものもあれば、生地がオレンジ色のものもあるが、オレンジ色のチーズについて詳しく説明しよう。

アナトー色素とは？

オレンジ色のチーズと言えば、すぐに思い浮かぶのはミモレットだろう。このチーズがなぜオレンジ色になったのかについては、政治的な背景があったとお話ししたとおりだが、ミモレットは、製造工程でアナトー色素が生地に加えられるため、オレンジ色になる。

アナトー色素とは、南米原産の低木ベニノキ（学名 *Bixa orellana*）の種子から抽出される食用色素だ。正確には、種子を覆う赤く丸みを帯びた皮から得られる。

この色素は無毒で、ベニノキの種子にはミネラル、特にカルシウムが含まれているという利点がある。β-カロテンは、にんじんよりはるかに豊富だ。また、セレン、マグネシウム、ビタミンEも多く含む。それならば、アナトー色素が加わることで、チーズの栄養価も高まると言えるのだろうか？ そうは思わない。しかし、ひとつ確かなことは、アナトー色素で着色されたチーズを食べても、リスクはまったくないということだ。

赤やオレンジのチーズはすべてアナトー色素由来？

それは違う！ たとえば、マロワールAOPの規定では、アナトー色素の使用は禁止されている。マロワールは、5％の塩水でウォッシュされ、最初の4回のブラッシングの間にリネンス菌が添加される。塩水でブラッシングすることで、発酵を活性化させる手助けとなる。

この発酵菌は、ベルギー産のロマデュールというチーズから最初は採取されたらしい。現在では、オレンジ色の発酵を促すために広く使われている。特筆すべきは、この細菌はまったく無害なよい細菌だが、チーズに強い風味を与えるということだ。そのた

め、このリネンス菌で発酵させたウォッシュタイプのチーズは、口あたりは驚くほどデリケートであるにもかかわらず、非常に芳香が強い。

ちなみにゴーダは、薄いワックスの層でコーティングされているが、私が扱っているような無殺菌乳から作られたフェルミエ製のゴーダの場合、着色料は添加されない。24～36か月、あるいはそれ以上熟成させるとチーズは黄色くなるが、この変色はチーズから水分が失われ、チーズが濃縮するためだ。しかし、いわゆるゴーダ色に着色しているメーカーもある。

また、アナトー色素もリネンス菌も加えない赤やオレンジのチーズもある。たとえばブレット・ダヴェーヌのように、単にパプリカをまぶしたものなどだ。

オレンジ色の生地と表皮

リネンス菌は主に表皮の着色に使用されるが、アナトー色素は生地の着色にも用いられる。ミモレットのように生地がオレンジ色、あるいはチェダーなどのようにやや赤っぽい場合は、アナトー色素がミルクに添加されている。表皮がオレンジ色なら、おそらく塩水で洗ったウォッシュタイプのチーズで、リネンス菌が添加されている。なお、ラングルはアナトー色素を少し加えた水で洗浄される。

オレンジ色のチーズの味わい

アナトー色素は、チーズの風味にまったく影響を与えない。一方、リネンス菌の場合は、熟成が進むにつれ、味とテクスチャーに影響をおよぼす。覚えておいてほしいのは、これは着色ではなく、他の乳酸発酵と同じように、チーズ製造の工程に不可欠な発酵が色合いをもたらしているのだ。

色素を添加する理由

ミモレットの場合は先に述べたように、エダムと区別することが目的だった。しかし、他のチーズの場合、その理由はまったく異なる。

牧草の質はチーズの色に影響する。その昔、植物相は今より多様で豊かで、工業化、気候、農業の合理化の影響をあまり受けていなかった。消費者はチーズの黄色い色を、品質と栄養の高さの証しと見なし、良質な牧草を食べた牛のミルクから作られたものだと判断した。

チェダーはその典型的な例にあたる。その自然な色は、美しいクリーム色だ。もちろん、季節や放牧された場所、牧草、飼料などによって、色はさまざまだった。1900年ごろ、チーズ製造業者（チーズ職人）は、年間を通してチーズの外観を均一にするため、着色料を添加するようになった。今日、チェダーは、小規模な農家で生産された無殺菌乳由来のものでない限り、カボチャ色に近い黄橙色をしていることがほとんどだ。

105

MAROILLES AOP
マロワールAOP

> **DATA**

原産地：ノール＝パ＝ド＝カレー地域圏
原料乳：牛乳
分類：ウォッシュタイプ
風味：おだやか〜際立つ
重量：約180〜700g
熟成期間：30〜90日
AOP認証：1996年

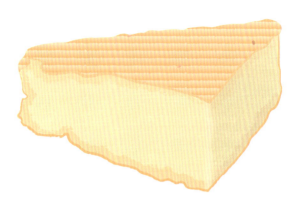

このチーズは960年ごろ、オー＝ド＝フランス地域圏にあるマロワール村の修道院で誕生したといわれ、当初は「クラクニョン」と呼ばれていた。

☞ コクのあるチーズ！

マロワールは、驚くべきコクのあるチーズだ。「臭い」とも形容されるレベルの独特の強い風味があるため、敬遠する人も多い。私自身、カーヴに保存するために包装を解くたびに、強烈な匂い（これでも控えめな表現を選んだ）に襲われるのは確かだ。

☞ マロワールの色の由来

マロワールもミモレットのように、アナトー色素などで着色していると思っている人もいるだろう。しかし、マロワールAOPの規定では、アナトー色素の添加は禁止されている。この色は乳酸発酵によるもので、リネンス菌が、生地の素晴らしい上品さを保ちながら、表皮に強い芳香をもたらす。マロワールは5％の塩水で何度も洗いながら熟成させるが、最初の4回はこのリネンス菌を添加する。そのため、ウォッシュタイプのチーズは、食べると驚くほど繊細な味わいでありながら、匂いは非常に強烈なのだ。

☞ 匂いに反して味わいははおだやか

マロワールの味わいは確かに個性的だが、強烈な匂いを放つオレンジ色の表皮の下には、きめ細やかでしなやかな生地があり、驚くほど繊細な風味だ。よほど熟成させたものでない限り、マロワールは強いチーズではない。匂いは強烈だが、味わいは強くないチーズなのだ！

チーズ雑学

フランス北部でマロワールは、「風味の際立つチーズの最高峰」として知られている。

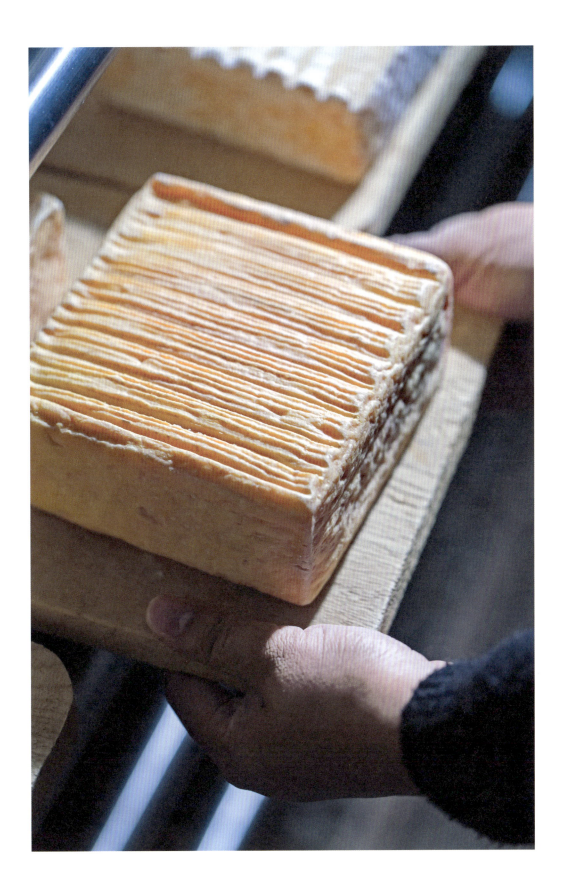

GRAND-EST

♦

グラン＝テスト地域圏

CHAOURCE AOP
シャウルスAOP

> **DATA**

原産地：シャンパーニュ地方
原料乳：牛乳
分類：白カビタイプ
風味：おだやか
重量：250〜700ｇ
熟成期間：21〜60日
AOC認証：1970年
AOP認証：1996年

生地はやわらかく、表皮は白カビに覆われたこのチーズは、牛の無殺菌乳から作られている。かつてシャンパーニュ地方の都だったトロワの南方に広がる、「湿気の多いシャンパーニュ（シャンパーニュ・ユミッド）」と呼ばれる地域で生産されている。シャウルスのAOP認定地域は、シャンパーニュ地方とブルゴーニュ地方という、歴史的に名高いワインを生産する地域でもある。

☞ **忍耐力が必要なチーズ**

このチーズを作るには忍耐が必要だ。乳酸の特徴を引き出すために、ミルクは12時間以上かけてゆっくりと凝固させる。型詰めしたてのチーズは、徐々に自然に水分が抜けていく。加塩したあと、いったん乾燥させ、そして最終的にカーヴに送られる。ここでさらに14日以上かけて、白いうぶ毛のようなカビに覆われたなめらかな表皮になる。この段階で私は購入し、自分のカーヴで完璧に熟成させる。カビは緩やかに成長を続け、時にはわずかに赤い色素を帯びることもある。

☞ **フレッシュ＆芳醇な味わい**

長年の経験から、私はシャウルスの熟成をあまり「押しつけない」ことを学んだ。むしろ、若いうちに楽しむのがベストだと思う。熟成させすぎると、風味の強さは確かに10倍になるが、それは本来の品質であるフレッシュさと芳醇さを損なうことになる。

LANGRES AOP
ラングル AOP

DATA

原産地：シャンパーニュ地方　　重量：約200g
原料乳：牛乳　　　　　　　　　熟成期間：4〜6週間
分類：ウォッシュタイプ　　　　AOP認証：1996年
風味：際立つ

ラングルという名は、オート＝マルヌ県の町の名に由来する。フランスで最も古い町のひとつである、この地名が初めて文献に登場するのは18世紀のこと。ラングルのドミニコ会の修道士が作った歌に謡われている。また、この町は、『百科事典』を編纂したとして知られる、ドゥニ・ディドロ生誕の地でもある。

☞ 少量生産のチーズ

フランスの他のチーズと比べると、このチーズの生産量はかなり少ない。今も生産しているチーズ農家は3軒のみで、ミルクを納入している酪農家は20軒にも満たない。そのうち1軒だけが、無殺菌乳からフェルミエ製ラングルを製造している。農家製に無殺菌乳とくれば、これ以上に求めるものはない！　その農家とは、レミレ家が営む「ギャエック・デ・バラック」。150頭ほどの牛を飼育し、3000ℓの牛乳を扱い、6人で年間50トンのチーズを手がけている（このチーズ農家では、フェッセルも作っている）。貴重な仕事は大切にまもらなくてはいけないということだ！

☞ 「フォンテーヌ」と呼ばれるくぼみが特徴

このチーズは上面に、「フォンテーヌ（泉）」と呼ばれるくぼみがある。なぜそのような形状になるのか、疑問に思うことだろう。理由はいたって単純だ。ラングレは熟成中に一度も反転させないので、自然の重みでこのようなくぼみができる。私のカーヴでは、熟成の段階で、チーズのとろっとやわらかいテクスチャーが強化され、ややへこみがちだ。そう、時には完全に崩壊してしまう。

☞ 繊細さと美しい色

見た目には、表皮は薄い黄色から赤褐色で、わずかに白い綿毛状のカビに覆われている。生地は指で押すとやわらかい。ラングルは若いうちは繊細だが、熟成が進むと非常に味わいは強くなる。独特の強烈な匂いは、いとこにあたるエポワスを彷彿とさせるがそこまで強くはない。とはいえ、もし私がこのチーズをかなり熟成させたら、匂いはもちろん……。

☞ ラングルの食べ方の流儀

ラングルを食べるときには、フォンテーヌの部分に、シャンパーニュかマール・ド・ブルゴーニュを注ぐものとよく言われる。しかし、レミエ家のシルヴァンは、「自分は決してそんなことはしない。その習慣は伝説にすぎない」と言う。もちろん個人の好みの問題だが、ラングルだけで十分においしい。

チーズ雑学

ラングルのオレンジ色は、チーズをウォッシングする水に添加される植物性の天然着色料、アナトー色素に由来する。この色素はミモレットの着色にも使用されるが、ミモレットの場合は生地に直接混ぜ込まれる。

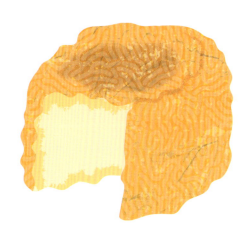

グラン＝テスト地域圏

MUNSTER AOP
マンステールAOP

DATA
原産地：ロレーヌ地方
原料乳：牛乳
分類：ウォッシュタイプ
風味：おだやか〜際立つ
重量：120ｇ〜1.75kg
熟成期間：30〜40日
AOC認証：1969年
AOP認証：1996年

このチーズの歴史は、7世紀にさかのぼる。ローマ・カトリック教会による伝道の一環として、修道士たちがこの地に定住し、チーズ製造の知識をもたらした。そして、経験豊かな彼らはマンステールを作りはじめたのだ。ラテン語で修道院を表す「モナステリウム」が、時を経て、「マンステール」に変化した。現在、フランスのオー＝ラン県にある小さな町が「マンステール」と呼ばれ、町の中心にはかつての修道院の廃墟がある。

☞ **まれにみる個性！**

他のウォッシュタイプのチーズと同様に、マンステールはいわゆる「臭いチーズ」のひとつ。しかし、味わいは強すぎるわけでもなく、驚くほど繊細な風味だ。熟成させるほど、繊細さは影をひそめ、かなり個性的な味わいのチーズになる。個人的には、熟成しすぎたマンステールは苦味が出て、他の風味を覆い隠してしまうので私の好みではない。

クロードのアドバイス

アルザス地方にいるなら、よく熟成したマンステールに、名高いアルザスワインのゲヴュルツトラミネールをあわせてみてほしい！

GRAND-EST

1 かつてはヨーロッパ各地に存在し、大きな影響力をもっていた修道院によって、多くのチーズが生み出され、改良され、発展してきた。今日、これらの修道院の多くは、マンステールの町にある修道院の廃墟のように跡形もない。

L'ÉPOPÉE DES FROMAGES MONASTIQUES

修道院で生まれたチーズの叙事詩

2 9世紀から15世紀にかけてのヨーロッパでは、ベネディクト会、シトー会、プレモントレ会、カルトジオ会など、さまざまな修道会が緻密なネットワークを張りめぐらしていた。侵略によって荒廃したヨーロッパ各地では、多くの特産品、とりわけチーズが修道院によってまもられ、そのあと復興した。礼拝の場であると同時に生活の場でもあった修道院では、最高のビールや、そして何よりも最高のチーズが作られた。その最たる例はベルギーの修道院だ。

3 今日、修道院ではほとんどチーズは作られていない。しかし、伝統は残っており、多くの修道院は秘伝の製法をレティエに伝えて託している。
若いチーズを修道院のカーヴで熟成させている良心的なケースもあるが、ほとんどは、「修道院製造」を謳ってはいても、マーケティング上の戦略でしかない。

4 レティエへノウハウを伝えた具体的な例のひとつは、1990年代にさかのぼる。ブルターニュ地方のラヴァルにあるラ・クードル修道院のシスターたちは、活動の縮小を余儀なくされたものの、自分たちのノウハウをまもりたいと考え、ナント近郊のチーズ製造所「ベイユヴェール」に秘伝のレシピを託した。「スクレ・デュ・クーヴォン（修道院の秘密）」と命名されたこのチーズは、何世紀も続く修道院の伝統を未来に伝える役割を担っている。それにしてもこの名は修道女にとっては大胆だ！

5 独自のチーズを製造する修道院は、数少ないものの存在はする。たとえば、フェルミエ製チーズまで製造しているシトー修道院、タミエ修道院、あるいはベルギーのポステル修道院やオルヴァル修道院、ウェストマール修道院だ。ちなみに、ウェストマール修道院の修道士たちは、菜食主義ゆえ、チーズは彼らの食生活に欠かせない。

6 時代は変わっても、誰が作ったチーズであろうと、最も重要なのは、そのチーズがおいしくて、喜びをもたらすものであることだ。

NORMANDIE

◆

ノルマンディー地方

CAMEMBERT DE NORMANDIE AOP

カマンベール・ド・ノルマンディー AOP

DATA

原産地：バス＝ノルマンディー地域圏
原料乳：牛乳
分類：白カビタイプ
風味：おだやか〜際立つ
重量：250ｇ
熟成期間：21〜60日
AOP認証：1983年

世界で最も有名なチーズだが、最も「コピー」されたチーズでもある。とはいえ、コピーが本物を上まわることはない！「カマンベールはノルマンディー地方で作られるチーズ」というのが一般的な認識だろう。しかし、そうではない！　カマンベールという名のチーズは、世界中のどこでも作られているが、先祖伝来のレシピを忠実にまもった本物のカマンベールは、カマンベール・ド・ノルマンディー AOPだけだ。そしてこのフランス美食の宝石は、世界のカマンベール生産量のわずか5％を占めるにすぎない！　メーカーは、消費者を惑わすためにあらゆる手段を講じるので、注意が必要だ。

☞ **本物のカマンベール！**

本物のカマンベールだけが、カマンベール・ド・ノルマンディー AOPと名のることができる。ただし、セーヌ＝マリティーム県（ノルマンディー地方）のカマンベール・サンク・フレールは、AOPの規定を忠実に尊重しており、近々、AOP認証を目指している。本物のカマンベールの生産者たちが、チーズメーカーを相手に繰り広げている闘いのすべてを語ったら、本が1冊書けるだろう。もっと詳しく知りたい方は、ヴェロニク・リシェ＝ルルージュの闘いを一読いただきたい[1]。ノルマンディー地方のマンシュ県にある、カマンベールの生産者を訪ねたことがあるが、味、伝統、そして何よりも仕事の多さに、私は非常に驚いた！

参考文献：1. *Main basse sur les fromages AOP*, Véronique Richez-Lerouge, Éd. Erick Bonnier, 2017, et *France, ton fromage fout le camp !*, Éd. Michel Lafon, 2016.

☞ **信じられないような工程！**

カマンベールの製造には、3日間にわたる長い工程がある。詳しく説明するのは難しいが、その膨大な作業量を知ってもらうために、工程の概要を紹介しよう。

カマンベール1個作るのに、2～3ℓものミルクが必要で、熟成は18時間におよぶ！　無殺菌乳の中で、自然界に存在する乳酸菌がゆっくりと増殖する。レンネットを加えたら、さらに1時間半ほど休ませたあと、カードを小さなサイコロ状にカットする。ここから、おそろしいほど忍耐を要する仕事がはじまる！　湿度が高く、30℃に保たれた部屋で、男女の作業員たちがたゆまずに巨大なキューヴ（チーズバット、桶）にレードルを浸し、型に流し込んでいく様子を想像してみてほしい。この繰り返しだ。

45分間隔で型入れ作業を5回繰り返す。この作業がすんだら、型に入れたまま反転し、そのままひと晩置いて水切りをする。そして翌日、チーズを型からはずし、塩とペニシリウム・カマンベルティを吹きつける。そのあとは、湿気の少ない乾燥室で12日間ほど寝かせる。最後にチーズを包装し、箱詰めする。これでできあがりかと思いきや、そうではない！　カマンベールを箱ごと逆さまにし、数日間熟成させる必要がある。その後、いったん完全に包装をはずし、熟成具合を確認。そして新たに包装しなおすのだ！　それから私が10日かそれ以上、様子を見ながら熟成させるというわけだ。こうしてようやく、常温で食卓に出すことができる。

カマンベール・ド・ノルマンディー AOP を作るのに、これだけの手間がかかることに心底驚いた。カマンベールを知れば知るほど味わい方が変わることだろう。

クロードのエピソード

ノルマンディー在住のとあるネットユーザーが、「十分に熟成していないカマンベールは食べられない、少なくとも、とろっとしていないと。カマンベールは歌っていなければならない」とつぶやいた。カマンベールの熟成度を表すのに、これ以上の表現はないと思う。

ノルマンディー地方　**119**

CAMEMBERT LE 5 FRÈRES
カマンベール・ル・サンク・フレール

DATA

原産地：セーヌ＝マリティーム県
原料乳：牛乳
分類：白カビタイプ
風味：おだやか～非常に強い
重量：250g
熟成期間：30～60日

チーズは単なる食べ物ではない。このカマンベール・ル・サンク・フレール（5兄弟のカマンベール）の誕生秘話は、大好きな物語のひとつだ。先祖の伝統とノウハウを尊重しながら家族経営の農場をまもり、その一方で21世紀という時代にも後れを取らず、自分たちの世界を築こうと闘う若者たちが主人公なのだから！

☞ オリジナリティ、味わい、信頼性

私がこのカマンベールに惚れ込んだ理由は主にふたつある。第一に、まさに私が求めていたものだということ。独創的でおいしく、本物のチーズだ。第二に、シャルル、ピエール、ヴィクトール、コート、マルタンという魅力的なブレアン5兄弟に出会ったことだ。息も絶え絶えの悪名高き農業界において、彼らのバイタリティー、情熱、プロ意識、未来へのビジョンが、私を強く惹きつけた。サンク・フレール農園（5兄弟の農園、正式名称GAEC de la Cayenne）は、ルーアンとル・アーヴル（いずれもセーヌ＝マリティーム県）の中間に位置するベルモンヴィルにある。

このカマンベールは、カマンベール・ド・ノルマンディーAOPの認証は受けていないが、無殺菌乳のみを使用し、レードルを使って型入れするなど、カマンベール・ド・ノルマンディーAOPの厳格な規定にのっとって作られている。AOP認証が得られないのは、5兄弟が家業を引き継いだとき、彼らの両親は乳製品への加工は行っていなかったため、セーヌ＝マリティーム県には2008年以来カマンベール生産者がいない状態だった。1950年代には20軒以上あったにもかかわらずだ。それゆえ、この県はAOPの指定地域からはずされていたのだった。

しかしそれ以来、5兄弟はこの地にカマンベールを復活させ、間もなくAOP認証の獲得を待ち望んでいる。復活したテロワールと、テロワールの復活を求める若者たち……完璧じゃないか！

☞ サンク・フレールの味わい

実のところ、このカマンベールが私の納得するレベルに達するまでには数年かかった。シャルルは、ミルクに影響を与えるすべての要素を完全に理解すべく、テロワールを手なずけなければならなかった。今日、彼らのカマンベールはついに完成した。もちろん、他の農産物と同様に、季節や牧草地、雨量の少ない乾燥した年、雨量の多い年など、ミルクの品質に影響する要素は非常に多く、正確に把握することは難しい。そのため、チーズは、年間を通して同じというわけではない。しかし、それは当然のことだ。いつも同じ味というのは、工場製品にまかせておけばよい！

このカマンベールの表皮は白カビに覆われ、真っ白できめ細やか。熟成が進むにつれて、わずかに黄色に変色し、赤い斑が混じることもある。生地はアイボリーでなめらかで、よく熟したものはしなやかでとろりとしたテクスチャーだ！ 半熟成の状態では、まだ芯は白く淡い白の場合もある。フルーティーなチーズの味わいに、ほのかにバターの風味が感じられる。

このカマンベールは、長期の熟成に耐えられることも特徴だ。最もバランスが取れるのは、熟成40日以降。熟しすぎたカマンベールに典型的なアンモニア臭がするようになるにはもっと時間がかかる。なぜ、このカマンベールは長期熟成に耐えられるのだろう？ 飼料の種類か、製造工程のちょっとした点か、それとも牧草地を洗う海流の影響だろうか？ 何はともあれ、これぞ規格にとらわれない職人技の素晴らしさだ！

このカマンベールはライ麦パンと一緒に、シャルドネのワインを傾けて食べるのがおすすめ。私のお気に入りでもある！

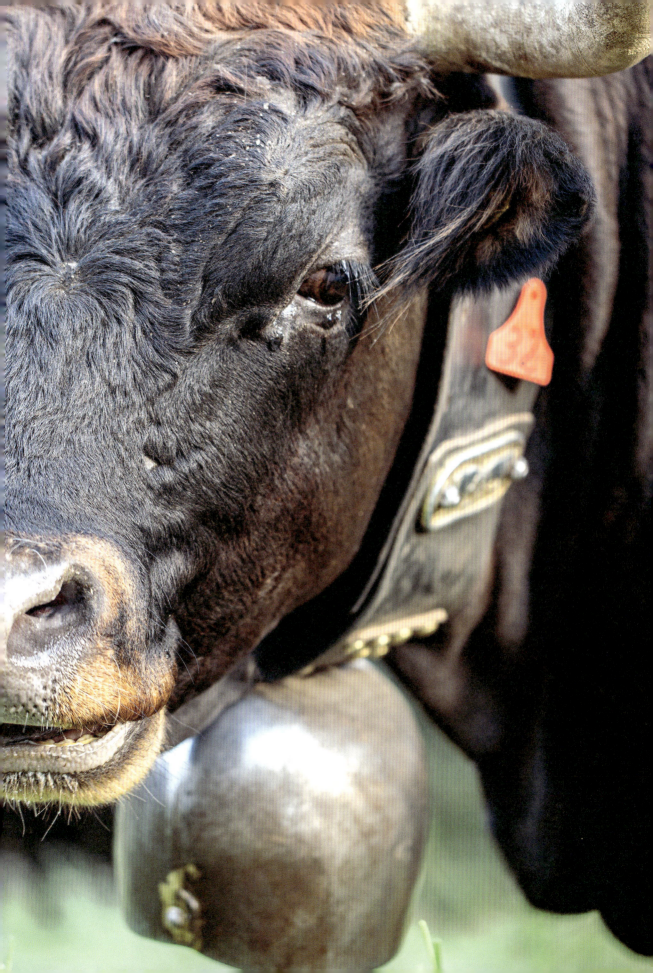

PLAT À LA VIANDE 肉料理レシピ

CAMEMBERT EN CROÛTE
AUX LARDONS ET POMMES DE TERRE

カマンベールのパイ包み ベーコン＆じゃがいも風味

♦

調理時間：55分

INGRÉDIENTS
―
材料
2人分

カマンベール…1個（横半分に切る）
ベーコン…50g（拍子木切りにする）
パイ生地（市販品）…1枚
じゃがいも（中）…1個
小玉ねぎ…1個（みじん切りにする）
卵…1個（溶きほぐす）
ルッコラ、オリーブオイル、こしょう
　…各適量
塩…適宜

1. じゃがいもは皮つきのまま塩を加えた湯（材料外、適量）でやわらかくなるまでゆでる。ゆであがったら皮をむき、輪切りにする。
2. フライパンでベーコンと玉ねぎを炒める。
3. パイ生地を厚さ3mmにのばす。
4. 天板に生地をのせ、中央にチーズの半分を皮面を下にして置く。
5. 4のチーズの上に2を広げ、1のじゃがいもを並べる。
6. 残りのチーズを皮面が上にくるようにしてのせる。
7. 生地の縁まわりに溶き卵を塗り、チーズが完全に隠れるように生地で包む。
8. 生地の表面に小さな切り込みをひとつ、そして飾り模様を入れ、残りの溶き卵を生地全体に塗る。
※小さな切り込みは、焼成時の蒸気の抜け道になる。
9. 200℃のオーブンで20分焼く。
10. 器に盛り、好みで塩とこしょうをふる。オリーブオイルをかけてこしょうをふったルッコラを添える。

LIVAROT AOP
リヴァロ AOP

DATA

原産地：バス＝ノルマンディー地域圏
原料乳：牛乳
分類：ウォッシュタイプ
風味：おだやか
重量：200ｇ〜1.5㎏
熟成期間：30〜60日
AOC認証：1975年
AOP認証：1996年

ノルマンディー地方はチーズの宝庫だ。なかでも、リヴァロは最も古いチーズのひとつとして知られている。

☞ 「貧乏人の肉」とも「大佐」とも呼ばれるチーズ

フランスの多くのチーズと同様、リヴァロという名前は、リジューにほど近い町の名に由来する。チーズの周囲に、「レーシュ」と呼ばれる細い紐が数本巻いてあるのが大きな特徴だ。大佐の軍服を飾る5本の細い紐にちなんで「大佐（コロネル）」という愛称でも知られる。19世紀のノルマンディー地方ではカマンベールよりも多く消費されていたチーズで、「貧乏人の肉」という異名がついたほど。また、お隣のポン・レヴェックと同じく、鉄道の開通によって大きな恩恵を受けたチーズでもある。この迅速な輸送手段により、リヴァロはパリまで輸送されるようになり、その名声はさらに高まった。

☞ 力強いチーズ

このノルマンディーで最も古いAOCチーズは、ノルマンディー種の牛から搾ったミルクのみを原料に、手作業で作られ、500ｇのチーズを作るのに5ℓのミルクを必要とする。リヴァロはまちがいなく、ノルマンディーで最も風味の強いチーズのひとつだ。塩味が強く、花や干し草のような香りがあり、かすかにスモーキーなニュアンスを感じることもある。もちろん、他のチーズと同じように、熟成の度合いや作り手、そして何よりも季節によって味は変わる。春は、牧草がより新鮮で繊細なので、5月と6月に作られたリヴァロが一番おいしく感じる。それは当然のことだろう。規格化された工場製のチーズではないのだから。私は、環境に左右される生きたチーズを知ってもらいたいと考えている。

PONT L'ÉVÊQUE AOP
ポン・レヴェックAOP

> **DATA**

原産地：バス＝ノルマンディー地域圏
原料乳：牛乳
分類：ウォッシュタイプ
風味：おだやか
重量：150ｇ～1.6kg
熟成期間：30～60日
AOC認証：1972年
AOP認証：1996年

ポン・レヴェックの歴史は、リヴァロ、カマンベール、ヌーシャテルといった他のノルマンディー産チーズと非常によく似ている。

☞ 修道士が作ったチーズ

ポン・レヴェックは、ウォッシュタイプのソフトチーズだ。その名は、聖テレジアの町として世界中に名を馳せるリジューから20kmほど離れた、魅力的な小さな町ポン・レヴェックに由来する。このチーズは12世紀に、カーン西部に定住していたシトー派の修道士たちのもとで誕生した。ペイ・ドージュのリヴァロと同様に、かつては「アンジェロ」や「オーグロット」と呼ばれ、物々交換に使われたり、給与代わりに支給されたり、納税の手段としても用いられていた。18世紀には、リヴァロと区別するために四角い形になった。

鉄道の発達は、多くの地域とその産物の発展に貢献したが、ポン・レヴェックも例外ではない。パリと中央市場への輸送が容易になり、紛れもない成功を収めた。ノルマンディーの人々はよく心得ていたと言わざるを得ない。最高のチーズだけを「輸出」したのだから。

☞ 製法

ポン・レヴェック1個を作るのに、3.5ℓのミルクが必要だ。ミルクが凝固したら、底のない四角い型に入れ、水分を排出させる。何度も反転させたあと、乾燥室に移し、再び毎日反転させる。最後に加塩し、カーヴに移して3週間以上、軽く塩を加えたきれいな水で、洗ったりブラシがけをする。表皮は黄色からオレンジ色をしており、表面にはすのこに並べた跡の筋模様が入っている。表皮の下の生地は、アイボリーから麦わら色で、しなやかなテクスチャー。匂いはかなり強いが、味わいはおだやかだ。植物や乳酸、クリーム、そしてわずかにスモーキーといったさまざまなアロマをもつ。

クロードの見解

リヴァロとポン・レヴェックを比べるなら、リヴァロの方が力強く（「大佐」だから当然と言えるかもしれない）、ポン・レヴェックの方が芳醇で繊細だ。

ノルマンディー地方

Entre la poire et le fromage

洋ナシとチーズの間

チーズとコンフィチュールのマリアージュ

フランスの慣用句「洋ナシとチーズの間」という表現はよく知られているが、16世紀から存在していることは知られていないのではないだろうか？ 当時、チーズは食事の最後を締めくくるものだったが、チーズが出される前に、ゲストは果物、たいていは洋ナシを楽しんだ。この習慣は消滅したが、先の慣用句の表現の意味は次第に発展して、「人々が自由に話すくつろぎのひととき」を表すようになった。また、「仕事をやっつけで行ったり、急いで行うこと」を意味するようにもなった。

食事をするとき、最も大切なのは楽しむことだ。チーズにコンフィチュールやチャツネをあわせるのは邪道と感じる人もいれば、そのちょっとしたプラスアルファが大きな違いを生むと感じる人もいる。個人的には、私はあまり好きではなく、基本的にチーズだけを楽しんでいる。しかし、味や色の好みは人それぞれだ。オッソー・イラティ×ブラックチェリーのコンフィチュールなど、はずせない定番の組みあわせもあるが、他の組みあわせも試してみてはどうだろう？ あえて試して、味わって、楽しんでほしい！

フレッシュチーズ
×
スパイシーなコンフィチュール
（ローズヒップ風味のいちごのコンフィチュール、唐辛子風味のジュレなど）

アラドイ、オッソー・イラティなどのピレネー山脈のブルビチーズ
×
ブラックチェリーのコンフィチュール

ボーフォール
×
ブルーベリーやパイナップルのコンフィチュール

グリュイエール
×
レーズン入りチャツネ

● ●
ブッシュ・ド・シェーヴル、
クロタン・ド・シャヴィニョル、
ラコタンなどのシェーヴルチーズ
×
フランボワーズやミラベルのコンフィチュール、
夏のフルーツ

●
ラングル
×
メロンの
コンフィチュール

●
コンテ
×
アプリコットの
コンフィチュール、
カリンのジュレ

● ●
マロワール、
マンステール
×
ミラベルやブルーベリーの
コンフィチュール

●
パルメザン、
スプリンツ、
ロックフォール
×
玉ねぎのコンフィチュール

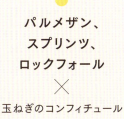

● ● ●
ブリア＝サヴァラン
×
オレンジやブルーベリーの
コンフィチュール、
ブラックベリーのジュレ

●
ゴーダ、
ブルー・ドーヴェルニュ、
フルム・ダンベール
×
グリーントマトのコンフィチュール

●
カマンベール・ド・ノルマンディー
×
りんごやプルーンのコンフィチュール、
ナッツ（くるみ、ヘーゼルナッツなど）

127

RECETTE VÉGÉTARIENNE ベジタリアンレシピ

CROUSTILLANTS DE RACLETTE D'ALPAGE
ET CHUTNEY D'ABRICOTS

アルパージュ製ラクレットのクルスティヤン アプリコットのチャツネを添えて
レストラン「ヌーヴォ・ブール」グレゴワール・アントナンによるレシピ

◆

調理時間：1時間20分

INGRÉDIENTS
材料
4人分

クルスティヤン

ラクレット用チーズ
　（アルパージュ製、長さ12×厚さ3cm）
　…1枚（長さ3cmの棒状に切る）
ブリック生地（市販品）…8枚
オリーブオイル…適量

アプリコットチャツネ

アプリコット（生）
　…4個（小さな角切りにする）
バター…20g
砂糖…大さじ1
シェリービネガー…大さじ1

ドレッシング

オリーブオイル…大さじ3
シェリービネガー…大さじ1
マスタード（できればモー産）
　…小さじ1/2
塩…ひとつまみ

ベビーリーフ…適量
タイム…適宜

※ブリック生地は春巻きの皮で代用可。

アプリコットチャツネ

1. 鍋にアプリコット、バター、砂糖を入れて中火にかけ、全体にバターがまわるまで数分炒める。

2. ビネガーを加え、弱火にして10分煮込む。

ドレッシング

1. 小さなボウルにビネガーを入れ、塩とマスタードを加え、なじむまでよく混ぜる。

2. オリーブオイルを加え、よく混ぜあわせる。

クルスティヤン

1. 生地にオリーブオイルを塗り、2枚ずつ重ね、それぞれ中央にチーズを1本ずつのせてしっかり包み、クルスティヤンを作る。

2. フライパンにオリーブオイルを熱し、1の両面を焼いてしっかり焼き色をつける。

3. 天板にのせ、180℃のオーブンで6分焼く。

盛りつけ

器にクルスティヤン、アプリコットのチャツネを盛り、好みでタイムを飾る。ベビーリーフはドレッシングであえ、別添えで提供する。

NOUVELLE AQUITAINE

◆

ヌーヴェル・アキテーヌ地域圏

ARRADOY
TRÉSOR DU BERGER

アラドイ
トレゾー・デュ・ベルジェ

DATA

原産地：バスク地方　　風味：おだやか
原料乳：羊乳　　　　　重量：約700g
分類：（非加熱）圧搾タイプ　熟成期間：30〜90日

人生を前向きに歩むには、勇気を出してリスクを冒す必要がある。チーズの世界では、それはまさしく真実だ！

☞ 協力の歴史

1981年、バスク地方のサン＝ジャン＝ピエ＝ド＝ポール郊外にある小さな村、サン＝ミシェル周辺の10軒の羊乳農家が、冒険に乗り出した。彼らは自分たちのミルクを共同で蓄え、チーズを作りはじめた。司祭でありチーズ職人でもあった、故ピエール・ハリンバ氏のあつい援助を得て、「フロマジュリー・デ・ベルジェ・ド・サン＝ミシェル」は創業された。現在、この乳製品加工所は40近い生産者の協同組合となっている。大規模な事業のように聞こえるかもしれないが、この地域で生産されるミルクの1％にも満たないことを考えると、非常に小規模だ。

☞ 忍耐と赤いカビ

羊乳の無殺菌乳を原料に作られるこのチーズは、この地の有名なチーズのオッソー・イラティと同じ製法で、同じ規格が適用されるが、オッソー・イラティの方が2〜5kgとかなり大きい。

熟成に必要な3〜4か月の間に、カーヴに自然に存在するカビ、とりわけ見事な赤錆色のカビをまとう。表皮のタイプとそこに生育するカビが、このチーズ特有の個性と風味をもたらしている。分厚い表皮の下の生地は、締まっていながらもやわらかい食感で、純粋な味わいでありながら繊細な風味。じっくりと噛んで味わい、このチーズから解き放たれる風味のすべてを堪能してほしい。目を閉じて集中すると、ヘーゼルナッツの香りがメインだが、ミルキーでフローラルなニュアンスも感じられるだろう。
このチーズが私のカーヴに届くと、このカビたちがうまく増殖し続けるように最大限の努力をする。しかしすべては自然の采配によるもので、カビたちに甘い言葉をささやいてみても何の役にも立たない。

> **クロードのアドバイス**
> このチーズは、「テット・ド・モワンヌ（修道士の頭）」とよく似た円筒形なので、テット・ド・モワンヌ専用のジロール（削り器）で削り出すと、羊乳の香りと風味が10倍増しになる。チーズにコンフィチュールを添えるのが好きなら、このチーズに定番のブラックチェリーのコンフィチュールが理想的だ。

BIGUNA
ビグナ

DATA

原産地：バスク地方
原料乳：羊乳
分類：ソフトタイプ
風味：おだやか
重量：約300ｇ
熟成期間：30日

私は、革新と前進に果敢に挑む生産者にスポットライトを当てるのが好きだ。ビグナはまさに、そうした農場から生まれたチーズだ。

☞ **250頭の羊を飼育する農場**

バスク地方の中心にあるエチャメンディ家の農場では、250頭のマネッシュ種の雌羊を飼育している。ピレネー山脈を象徴するこの羊は、頭と脚は赤褐色、毛は長く垂れ下がっているのが特徴で、切り立った険しい地形に順応している。ここの羊たちは冬でも毎日、草を食む。10月中旬から5月末までは牧場で放牧されているが、その後、アハクセ村周辺のバスクの山々で移動放牧が行われる。

エチャメンディ家は3世代続く農家だが、現在の農主であるカイエの父親はチーズを製造しておらず、搾乳したミルクを乳製品加工所に納めていた。2017年、カイエの息子は職業訓練を終了するや、わずか18歳で父親のもとで働きはじめた。そして現在は一緒にチーズ作りをしている。

☞ **バスク版「ルブロション」**

バスク地方のチーズと言えば、オッソー・イラティがよく知られるが、彼らはそれとは一線を画すべく、常識を覆し、生地がやわらかいルブロションタイプのチーズを開発した。このチーズを作るには、ミルクを38℃に加熱し、50分かけて凝固させる。クリーミーに仕上げるため、カードを2㎝角にカットし、なかにホエイを閉じ込めることが重要だ。その後、現地で20日間熟成させたものを、私のカーヴでさらに20〜30日間熟成させている。

チーズ雑学

「ビグナ」とはバスク語で「クリーミーな」「やわらかい」という意味。まさに、このチーズにぴったりなネーミングだ。

PLAT À LA VIANDE 肉料理レシピ

SALADE D'ASPERGES,
JAMBON CRU ET COPEAUX DE BREBIS ARRADOY

アスパラガスと生ハム、ブルビのサラダ

レストラン「ヌーヴォ・ブール」グレゴワール・アントナンによるレシピ

◆

調理時間：35分

INGRÉDIENTS
材料
1人分

アスパラガスと生ハム、ブルビのサラダ

ブルビチーズ（できればアラドイ）
　…100g（薄く削る）
ホワイトアスパラガス…2本（皮をむく）
グリーンアスパラガス…2本（皮をむく）
生ハム（厚さ5mmのスライス）
　…2枚（細切りにする）

ドレッシング

エシャロット
　…1/2個（みじん切りにする）
チャイブ…少量（みじん切りにする）
セルフィーユ
　…少量（みじん切りにする）
菜種油…大さじ3
ビネガー…大さじ1
マスタード…小さじ1/2
塩…適量

イタリアンパセリ…適宜

ドレッシング

1. ボウルにビネガーと塩を入れ、よく混ぜる。
2. マスタード、エシャロット、チャイブ、セルフィーユを加え、油を加えながらよく混ぜる。

アスパラガスと生ハム、ブルビのサラダ

1. アスパラガス2種は塩を加えた湯（材料外、適量）でそれぞれ歯ごたえが残る程度にゆで、氷水（材料外、適量）に取って冷やす。それぞれ水気を切って斜めに切る。穂先は飾り用に長めに切る。
2. ボウルに1のアスパラガスを入れ、ドレッシングであえる。
3. 器に盛りつけ、アスパラガスの穂先をあしらい、ハムとチーズ、そして好みでパセリを散らす。

盛りつけ

器にラビオリを並べ、マッシュルームのピュレを少量ずつ盛りつけ、取っておいたマッシュルームをスライスして散らし、にんにくのコンフィを添える。ソースは別添えで提供する。

※好みでパセリを散らし、こしょうをふっても。
　材料や作り方などは次のページ。

RAVIOLIS DE LO GAVACH,
CHAMPIGNONS EN TEXTURES ET SAUCE AU VIN JAUNE

ロ・ガヴァシュのラビオリ マッシュルームのピュレとヴァン・ジョーヌソース添え

レストラン「ダミアン・ジェルマニエ」によるレシピ

◆

調理時間：2時間10分（＋休ませる時間6時間）

RECETTE VÉGÉTARIENNE　ベジタリアンレシピ

INGRÉDIENTS
材料
4人分

ラビオリ生地
強力粉…150g
卵黄…5個分
サフランパウダー、塩…各適量

フィリング
ブルビチーズ（クリーミーなもの、できればロ・ガヴァシュ）…100g
生クリーム…30㎖
タイム…2枝（みじん切りにする）
オリーブオイル…大さじ1

マッシュルームのピュレ
マッシュルーム…500g
小玉ねぎ…1個
白ワイン…100㎖
塩…ひとつまみ

にんにくのコンフィ
にんにく（生、皮つきのまま）…4片
タイム、ローズマリー、オリーブオイル、塩…各適量

ヴァン・ジョーヌソース
ヴァン・ジョーヌ…100㎖
エシャロット（小）…1個（みじん切りにする）
生クリーム…270㎖

バター…適量
イタリアンパセリ（みじん切りにする）、こしょう…各適宜

ラビオリ生地

1. すべての材料をフードプロセッサーに入れて混ぜ、ラップをし、6時間常温で休ませる。
2. 薄くのばし、円形の抜き型（直径10〜12㎝）で12枚抜く。

フィリング

1. ボウルにすべての材料を入れ、フォークで混ぜる。

マッシュルームのピュレ

1. マッシュルームは、仕上げ用に数個を取っておく。残りのマッシュルームと玉ねぎは乱切りにする。
2. フライパンを熱し、1の乱切りにしたマッシュルームと玉ねぎを入れて、玉ねぎが透明になるまで炒める。
3. ワインと塩を加え、時々混ぜながら蓋をして10分煮込む。
4. マッシュルームの水気を切り、煮汁は取っておく。
5. 4をミキサーにかけ、水分が足りなければ、様子を見ながら4の煮汁を加えてのばす。残りの煮汁はソース用に100㎖取っておく。

にんにくのコンフィ

1. アルミホイルににんにくをのせ、オリーブオイルをまわしかけ、塩をふり、タイムとローズマリーを散らし、アルミホイルで包む。
2. 天板にのせ、150℃のオーブンで40分焼く。

ヴァン・ジョーヌソース

1. 鍋にヴァン・ジョーヌを入れ、マッシュルームの煮汁100㎖とエシャロットを加えて中火にかけ、半分の量になるまで煮詰める。
2. 生クリームを加えさらに5分間煮詰め、ザルなどで濾す。

仕上げ

1. ラビオリ生地にフィリングをスプーンで取ってのせ、生地を半分にたたんで縁をしっかり閉じる。
2. 塩を加えた湯（材料外、適量）で3分ゆで、水気を切る。
3. ラビオリにバターをからめる。

FLEUR DU JAPON
フルール・デュ・ジャポン

> **DATA**

原産地：ドゥー＝セーヴル県
原料乳：山羊乳
分類：シェーヴルタイプ（ソフトタイプ）
風味：おだやか
重量：150g
熟成期間：20〜30日

偶然のなかの必然ということがある。日本を旅する少し前、私はフランスで「日本の花」と名づけられたこのチーズを見つけた。小型のシェーヴルチーズで、中心には桜の葉の塩漬けがしのばせてある。日本を象徴する桜の花は、春になると日本各地を華やかに彩る。

☞ **オリジナリティあふれるアクセント**

このチーズは、やわらかくてクリーミー。アーモンドとグリオットチェリーのフレッシュな風味が漂い、桜の葉がフローラルなニュアンスを添える。ゲストに提供した際、どんな風味を感じるかと尋ねてみたら、嬉しいことに、舌の肥えた人が「ラベージ（セリ科セリ亜科の多年生植物。スイスではヘルブ・ア・マギーの名で知られる）」と答えた。このハーブを思わせる香りをまとったチーズは前代未聞だ。桜とチーズのマリアージュが、ラベージの繊細な風味を生み出したのだ！

☞ **挑戦は続く！**

このチーズの製造にあたっては、1杯目のカードをレードルですくって型に入れ、桜の葉をそっとのせ、その上から2杯目のカードを入れて型を満たす。私が最も苦労しているチーズであり、真っ白なままのときもあれば、灰緑色のカビに美しく覆われることもある。この新たな熟成への挑戦を成し遂げるまでは、引退するつもりはない！

クロードの
アドバイス

なんとも繊細な風味をもつこのチーズは、そのままで十分においしい。口に入れ、目を閉じて、未知の風味を発見してほしい。

MOTHAIS SUR FEUILLE
モテ・シュール・フイユ

DATA

原産地：ヌーヴェル・アキテーヌ地域圏
原料乳：山羊乳
分類：シェーヴルタイプ（ソフトタイプ）
風味：おだやか
重量：約200g
熟成期間：20～30日

このチーズの名は、ドゥー＝セーヴル県（ボルドーとナントのほぼ中間）にあるラ・モット＝サン＝テレ周辺で作られていることに由来する。多くのチーズがそうであったように、このチーズも本来は、家庭で食べるために作られていた。

☞ 農家の抵抗

このチーズがはじめて市場に出まわったのは1840年ごろ。フィロキセラの被害でブドウ畑の多くが壊滅し、オーヴェルニュ地方のサン＝ネクテールと同様に、この地域でも乳製品の生産、特に山羊乳を使ったチーズなどの生産が盛んになった。しかし20世紀に入ると協同組合が誕生し、フェルミエ製は姿を消した。だが、幸いなことに、完全に消滅したわけではなく、1970年ごろにフェルミエ製チーズは復活した。

☞ 葉に包まれたチーズ？

生地はやわらかく、表皮はナチュラルなこのシェーヴルチーズは、栗やプラタナスの木の葉に包まれるやすぐに熟成する。しかし、なぜチーズ職人たちは、チーズを葉で包むという突飛なことを思いついたのだろうか？
いや、実は突飛な発想ではない。葉の多様性が、このチーズ特有の個性を生み出している。葉は厳格な規則に従って摘み取られる。たとえば、葉は枝から摘まねばならず、決して地面に落ちている葉を摘んではいけない。葉は風味をもたらすだけでなく、チーズの余分な水分を吸収するため、よりしなやかでクリーミーになる。私のカーヴで10日以上熟成させると、非常にクリーミーになり、山羊乳の風味が際立つ。スプーンで食べられるほどとろとろで、トーストしたパンに塗ってもおいしい。

ヌーヴェル・アキテーヌ地域圏　**159**

Fromages
du Japon

日本のチーズ

日仏のインフルエンサーであるルイ＝サンの招待で、私は日本のチーズ、特に日本人が好むチーズを発見するために、日出ずる国を旅した。なかでも最高のサプライズであり、まさに贈り物と言えるのが、北海道の宮嶋夫妻との出会いだった！

共働学舎 新得農場の代表である宮嶋 望さんは、4年間のアメリカ滞在ののち、1978年に北海道の新得町に入植し、牧場をはじめた。そして13年後にチーズ工房を建てるにあたり、ラクレットチーズ作りに着手する。当時、日本でラクレットチーズを作る人はまだいなかったが、北海道という地にはラクレットチーズが最も適しているとの考えからだった。

チーズを味わう前に、私はいくつか質問をした。まずは「無殺菌乳か低温殺菌乳か」。宮嶋さんは、「レストランにチーズを販売するためには低温殺菌乳を使わなければならないこともあるが、ハード系チーズには無殺菌乳を常用している」と答えた。

「牛は夏になると山の牧草地に移動するのか」と尋ねると、なんと日本では牛の移動は、車の通行の妨げになるので禁止されているとのことだった！　海抜200mに位置する彼の牧場は、冬にはマイナス30℃まで気温が下がるらしく、家畜の放牧にとても気を配っているとつけ加えた。宮嶋さんはすべてを把握していたのだ。

試食の感想を述べよう。まずよかった点は、私が地元ヴァレー州で試食の際に行っているように、ラクレットチーズがじゃがいも、パン、コルニションと一緒に提供されたことだ。ラクレットチーズの味はというと、あまり強くはないものの、心地よいものだった。彼の説明によると、日本人は味が濃すぎるチーズを好まないので、わずか2か月間の熟成で売らなければならないのだという。もし6か月間熟成させることができたなら、より素晴らしいものになるだろう。

さらなる発見もあった！　丸天井のセラーを4つ見つけたのだ。私のスイスの自宅から1万kmも離れた日本では、景色が一変すると思いきや、松の木が生い茂り、熟成中のカーヴがある風景は、私の本拠地と同じだった！

しかし、何よりも私が心を打たれ、最も感動したのは、このチーズ工房の構成だ。100頭の牛の群れと、チーズ工房、売店、試食レストランがある風景を想像してみてほしい。それらを運営している50名のうち、約半数は障がいをもつスタッフだが、互いに支えあい、それぞれの役割を果たしている。これはまさにどの国の社会にも必要なロールモデルであり、日本での最高の出会いと言えるものだった。私たちは同じ言葉を話さなくとも、マインドは同じだったのだ！

共働学舎 新得農場
☞ Web　https://www.kyodogakusha.org
☞ オンラインショップ　https://kyodogakusha-online-shop.org

PARTHENAY CENDRÉ
パルトネ・サンドレ

DATA
原産地：ドゥー＝セーヴル県
原料乳：山羊乳
分類：シェーヴルタイプ（ソフトタイプ）
風味：おだやか
重量：150g
熟成期間：20〜40日

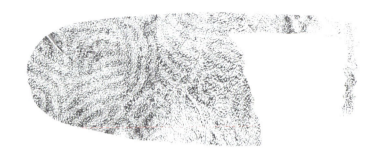

私がカーヴで熟成する名誉に浴した最初のチーズのひとつ。なぜ名誉に思うかというと、チーズの熟成というのは、私たちにチーズを届けるために懸命に働いてくれた農家やチーズ職人に対して責任をまっとうすることだからだ。

☞ 森に誘うチーズ

私はこのチーズで熟成について少し学んだ。カーヴでの熟成の進行具合がとても早かったので、最適な熟成度を見きわめるために毎日味見をする必要があった。
パルトネは山羊の無殺菌乳から作られるソフトチーズで、製造しているチーズ工房は、フランス中西部の小さな町パルトネ周辺のいくつもの酪農家から、毎朝新鮮なミルクを集荷している。栗の葉の上にのせて熟成させるこのチーズは、きめ細かくクリーミーで、美しい真珠のような白色をしている。
口に含んで目を閉じれば、ヘーゼルナッツの香りが鼻孔をくすぐり、下草が生い茂る森の、まばらなヘーゼルナッツの木々に思いを馳せることになる。そう、自然界ではヘーゼルナッツの香りをそう簡単に嗅ぐことはできないが、チーズについて語るとき、私はちょっと詩人になるのだ。

☞ 専門家の目

灰に覆われたパルトネの表皮は、まさに私の好みだ。カーヴで熟成の進行具合を確認することができ、熟成度合いもひと目でわかる。さまざまな菌類、特にペニシリウム・カンディダムの働きにより、色が灰黒色から薄い灰色に変われば熟成は完了だ。このチーズを選ぶ際には、このことをお忘れなく！

チーズ雑学

栗やブドウの葉は、伝統的に小型のチーズを包むのに使われてきた。葉で包むことでチーズの保存期間がのびるので、泌乳量が多い時期に非常に有用な手段だった。栗の葉を保存のために使う必要がなくなった現在でも、この伝統を受け継ぎ、葉で包まれているチーズはいくつかある。なお、プロヴァンス地方のバノン村で生まれたチーズ、バノンの場合は、全体が葉で包まれている。

TOMME D'AYDIUS
トム・ダイデュ

DATA
原産地：ピレネー＝アトランティック県
原料乳：山羊乳
分類：シェーヴルタイプ（非加熱圧搾タイプ）
風味：おだやか
重量：2.5kg
熟成期間：2〜12か月

密やかに生産されているチーズで、現在、生産しているのは3軒のみ。まさに私好みの反骨精神を感じる！ フェルミエ製で、重さは約2.5kg。名はアスプ渓谷にある生産地の村の名前に由来する。

☞ **上質なシェーヴルチーズ**
兄弟分にあたるオッソー・イラティとよく似た製法だが、大きな違いは原料のミルクにある。オッソー・イラティが羊乳を使うのに対し、こちらは山羊乳。しかも製造期間は3月から10月に限られている。

熟成を楽しむタイプのチーズで、その風味は熟成とともに大きく進化する。若いうちは、口あたりがなめらかであり、しなやかで、非常にクリーミー。典型的なシェーヴルチーズの風味に加え、ピリッとした新鮮な乳酸風味を感じる。多くのシェーヴルチーズに特徴的な、ヘーゼルナッツをローストしたようなほのかな風味がアクセントを添える。チーズの熟成が進むにつれ、表皮は徐々に茶色くなり、すべての風味が大幅に増す。やわらかいタイプのシェーヴルチーズに比べて食べやすい。山羊乳の味わいが主張しすぎず繊細なので、シェーヴル特有の風味が苦手な人にもおすすめだ。

OCCITANIE, PROVENCE-ALPES-CÔTE D'AZUR & CORSE

オクシタニア
プロヴァンス＝アルプ＝コート・ダジュール地域圏
コルシカ島

LAGUIOLE AOP
ライオル AOP

> **DATA**

原産地：アヴェロン県
原料乳：牛乳
分類：（非加熱）圧搾タイプ
風味：おだやか
重量：30〜40kg
熟成：最長24か月
AOC認証：1961年
AOP認証：2001年

このチーズは知る人ぞ知る存在のチーズ！ 他の多くのチーズと同様に、この名は生産地であるライオル村に由来する。このチーズの起源は古代にさかのぼるが、12世紀にオーブラックに救護修道院が建立され、修道士たちがやって来たことで、この地で作られるようになった。

☞ **オーブラックの恵み**

何世紀もの間、ライオルは地元の言葉で「マズック」と呼ばれるチーズ製造小屋で作られていた。オーブラック高原の豊かで多様な植物相が、このチーズ特有の際立った風味を与えている。製法はサレールやカンタルと同様で、重さ30〜40kg、高さ35〜40cmの大きな円筒形だ。本物であることの証しに、表皮にはライオルの雄牛のシルエットと名前「Laguiole」が刻印されている。
このチーズは、無殺菌乳を原料に作られる非加熱圧搾タイプ。原料のミルクは、シンメンタール種かオーブラック種の牛から搾乳したものだけが許可されている。熟成期間は最低4か月で、この間、定期的にチーズをこすって反転させ、表皮を形成させるのが特徴だ。

☞ **唯一無二のチーズ**

個性のある素朴なチーズだ。フェルミエ製の古いライオルの場合、まずその美しく厚い表皮に私は感動する。きのこや下草の香りがし、森の中にいるような気分になる！ そして口に入れると、干し草の香りをまとったクリームの風味が私を農場に誘う。そしてこのチーズも、ヘーゼルナッツの風味が感じられる。兄弟分のサレール同様、他のチーズにはない独特のアロマがいつも私を驚かせる。

PÉRAIL DU VÉZOU
ペライユ・デュ・ヴェズ

DATA
原産地：アヴェロン県
原料乳：羊乳
分類：白カビタイプ
風味：おだやか
重量：約150g
熟成期間：20～30日

このチーズの歴史は、ロックフォールと密接に結びついており、同じ地域で作られている。

☞ ミルク不足から生まれたチーズ
12月から2月にかけて、羊の搾乳はできないため、ロックフォールを作るのに十分なミルクが確保できなくなる。それゆえ農家では、羊が与えてくれるわずかなミルクを無駄にしないように、家庭用の小型のチーズ、トムを作るようになった。

ペライユの知名度が一気に上がったのは1960年代。ある農家が、ロックフォール作りをやめてペライユ作りに専念することにしたのだ。このチーズがロックフォールの派生物としてではなく、独自のチーズとして作られたのはこれが初めてだった。そして今日、ペライユは完全に独立したチーズとして、私たちの舌を喜ばせている！

☞ 非常にクリーミーなトム
私は、アヴェロンのプラデ＝サラールでブーテ家が作る、オーガニックのフェルミエ製のペライユを熟成させている。この素晴らしい小型のトム「ル・ヴェズ」は、羊が草を食む高原にちなんで名づけられた。このチーズは圧搾せず、熟成前にゆっくり水を切る。その結果、ヘーゼルナッツの風味など、羊乳のチーズに典型的な特徴をもちあわせながらも、申し分なくクリーミーなチーズに仕上がる。表皮は素朴で美しく、きれいな白色をしており、熟成が進むにつれて褐色に変化していく。

Le bon pain
avec le bon fromage
おいしいパンにはおいしいチーズを

ここで紹介するチーズとパンのマリアージュは、スイスのヴァレー州サン=ピエール=ド=クラージュにある、1955年創業のブーランジュリー、ステファノ・ゴッビとのコラボレーションによって生まれた。
チーズとワインの相性を見きわめるのはとてもおもしろい。しかし、おいしいチーズとおいしいパンのマリアージュは、同じくらいワクワクすることなのに、なおざりにされがちだ。ここに挙げたステファノの創作パンは、なかなか入手できない。しかし、以下を読めば、似たようなパンを見つけたり、自分なりのマリアージュを探すヒントになるはずだ！

1 熟成したハード＆セミハードチーズ

アプリコット入りサンタッボンディオ

スイスのティチーノ州の郷土パンで、全粒粉、ライ麦粉、焙煎したライ麦麦芽を使用した天然酵母パン。焙煎したライ麦麦芽が、キャラメルのような風味を、アプリコットが甘さをチーズにもたらす。

2 ブルーチーズ

パネットーネ

パネットーネ（プレーン）は、青カビタイプの個性的なチーズと相性抜群。バターがたっぷり入っているため、チーズになめらかさをもたらす。伝統的なものなら天然酵母を使用しているので、問題なく3〜4週間の保存が可能。なお、ステファノは、「パネットーネ世界選手権」のファイナリストだ。

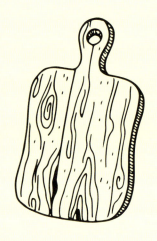

3 ソフトチーズ

チェントヴァッリ・フォンセ

香り高い素朴なパン。長時間の発酵で作られ、ほのかにライ麦麦芽の香りが漂う。色は黒くはないが、非常に濃い。ローストの風味が主張する味わい。

4 シェーヴル＆ブルビチーズ

伝統的な天然酵母を使ったバゲット

ルヴァン（天然酵母）由来の酸味とフローラルな香りが、シェーヴルとブルビの力強い味わいにマッチする。

5 アルパージュ製チーズ

プロヴァンス風ハーブ風味のパン

エルヴ・ド・プロヴァンス（ローズマリー、タイム、マジョラム、セイボリー、バジルなど）が軽やかに香る、全粒粉入りの小麦粉で作られるこのパンは、アルプスの牧草地の多様性が影響した風味をもつアルパージュ製チーズとよくあう。

ROQUEFORT AOP
LE VIEUX BERGER

ロックフォールAOP
ル・ヴュー・ベルジェ

DATA

原産地：アヴェロン県
原料乳：羊乳
分類：青カビタイプ
風味：際立つ
重量：1.2kg
熟成期間：90〜120日
AOC認証：1925年
AOP認証：1996年

このチーズの故郷はコンバルーの崖のふもとにたたずむロックフォール村。岩盤の浸食や岩石の堆積、亀裂が、有名なロックフォールの誕生につながった。その歴史を語るべく、まずはヴュー・ベルジェについてお話ししよう。

☞ ロックフォールのなかのロックフォール

「ル・ヴュー・ベルジェを食べたことがない人は、ロックフォールを本当には知らない！」と耳にしたのが、このロックフォールとの出合いだった。まるで、ガツンと頭を打たれたような衝撃を受けた！　いや、まったく参った！　力強いのにクリーミーかつなめらかな口あたりで、余韻が非常に長く続く。喉に引っかかるような苦味はない。私はこのチーズを、まるで飴玉をしゃぶるように味わった！
ヴァンサン・コンブは、「メゾン・コンブ」の3代目。このチーズは彼の祖父アンリが、1923年に生み出したものだ。「コンバルーの小人」とも呼ばれ、生産量はAOPロックフォールの0.8％。7軒のロックフォール生産者のなかでは最も生産量が少ない。このメゾンでは、ラコーヌ種の羊のミルクを11軒の酪農家から仕入れている。

☞ ロックフォールの洞窟の神秘

ロックフォール村は、コンバルー山の崩落した台地の上にできた小さな村だ。言い伝えによると、若い羊飼いがこの山の洞窟で食事をとっていたところ、恋いこがれている少女が通りかかった。少女を追いかけ飛び出した羊飼いは、パンとチーズを洞窟に置き忘れた。それからかなり経って、羊飼いが羊を迎えに戻ると、チーズに青カビが生えていた……かくして、ロックフォールは誕生したという。
ロックフォールは、岩盤の崩落でできた洞窟で熟成されるが、洞窟には「フルリーヌ」と呼ばれる亀裂が入っているため換気される。大手メーカーが使用する巨大な洞窟に比べれば小さなものだが、このチーズの洞窟は、ロックフォール村の中心にある一家の家の地下にあり、いくつかの階層にわかれている。
2016年、私はこのチーズを訪ね、ヴァンサンに洞窟を案内してもらった。今でも忘れられない思い出だ。湿り気のある木製の狭い階段を下りていくと、地下1階にたどり着いた。床が濡れて滑りやすくなっている独特の環境に、気分が高揚した。洞窟内は寒く、わずかな隙間風を感じる。初めて経験することばかりで、私は度肝を抜かれた。チーズが保管されている棚は、経年と湿気のために黒ずんでいた。
床木も湿って黒ずんでおり、男たちが3世代にわたって

踏みつけ磨り減っている。空気がうまく循環するよう、各階は遮断されていない。つまり、もし誰かが最上階にいたら、その足元が見えたかもしれない。

下の階へ降りていくにつれ、各階で保管されているチーズの熟成度合いによって、漂っている匂いが異なるのに気づいた。コンバルーの山崩れによってもたらされた何トンもの岩の下は、五感がすべて呼び覚まされるような、信じられない場所だ！

カーヴには、先祖たちがどれほど苦労して働いてきたかを示す特殊性がある。ヴァンサンの祖父がここを掘ったとき、どこにもフルリーヌは出現しなかったという。ロックフォールは、フルリーヌを介して空気が流れるカーヴで熟成させることがAOPで義務づけられているため、彼は山崩れの方向にあるかたい岩盤を掘りはじめた。そして120m掘り進み、ついにフルリーヌを発見したのだった！ヴァンサンのおかげで、私は彼の祖父の偉業を称え、貴重なフルリーヌを目にすることができた。高さ1.5mほどの狭い通路を進むと、それほど強くはないが隙間風をはっきりと感じた。それは風のそよぎ、そよ風だった。

☞ ロックフォールの製法

ロックフォールがどのように作られるかについて、技術的な詳細について少し深掘りしてみよう。

チーズは前述のカーヴに保管される前に、非常に繊細で小さな穴を開ける機械を使い、空気孔が開けられる。私は、この工程でチーズにペニシリウム・ロックフォルティを植えつけるのだと思っていたが、そうではなかった！この青カビは、製造工程のもっと早い段階で添加される。この作業はむしろ、チーズを「開く」工程で、乳酸菌によって作られた空洞を外の空気と接触させ、青カビを増殖させるのだ。

穴が開けられたチーズは、いよいよフルリーヌを介して流れ込む風にさらされる。空気に触れる面積をできるだけ多くすべく、チーズどうしは間隔を十分にとって並べられ、AOPの規定に従い14日間以上熟成させる！

そして14日後、ひとつひとつ手作業で厚い錫の箔に包む。アルミ箔だと思った方もいるだろうが、アルミ箔はこのあとだ。では、ここはなぜ錫箔なのかというと、理由はふたつある。

1. 錫箔はアルミ箔よりもはるかに強い。チーズを包む際には、錫箔をしっかりと引っ張らなければならないが、アルミ箔のみだとどうしても破れてしまう。

2. アルミ箔は発酵中のチーズの酸に侵される。たとえ錫箔でも、14日間チーズを包んでいたものは、未使用の錫箔とまったく手触りが違う。ちなみに、使用ずみの錫箔はリサイクルされ、溶かして新たな錫箔に生まれ変わる。

こうしてカーヴで寝かせたあと、ロックフォールは「リラクゼーション」カーヴに移される。そこでヴァンサンが目を光らせ、売りに出す最適な時期を見定める。通常より1〜2週間も早く仕上がる場合もある。それはなぜか？それこそが奇跡であり、魔法であり、生きた製品の真髄なのだ！ 錫箔をはがし、半分に切り、アルミ箔で包み、最後にラップで包めば出荷準備の完了。すぐに私のカーヴに届けられ、そしてみなさんの食卓に並ぶ！

チーズ雑学

ロックフォール村では、地上より地下の土地の方が価値がある。地上に土地を買っても、地下の所有権は別という場合も多い。前の土地所有者が所有権を保持している可能性が高く、その場合、地下にカーヴを掘ることはできない。

オクシタニア、プロヴァンス゠アルプ゠コート・ダジュール地域圏、コルシカ島

PLAT À LA VIANDE 肉料理レシピ

CÔTE DE BŒUF À L'ESPUMA
DE ROQUEFORT

牛リブロースのステーキ ロックフォールのエスプーマ仕立てのソース

レストラン「レ・トゥーリスト」によるレシピ

♦

調理時間：35分

INGRÉDIENTS
—
材料
4人分

牛リブロース肉…2枚（1枚800g）
ローズマリー、塩、こしょう…各適量

ソース

    ロックフォール…150g
    薄力粉…60g
    牛乳…400㎖
    無塩バター…60g
    塩…ひとつまみ

道具

    エスプーマ

1. ソースを作る。
   a. 鍋でバターを弱火で溶かし、ふるった薄力粉を加え、粉っぽさがなくなってなめらかになるまで混ぜる。
   b. 泡だて器で混ぜながら牛乳を少しずつ注ぎ、塩を加え、なめらかになったら弱火で5分ほど煮る。
   c. チーズを加え、混ぜて溶かす。
   d. エスプーマに入れ、40℃の湯せんにかけておく。
   ※カートリッジは1本のみ使用。
2. 肉に塩とこしょうをふり、ローズマリーをのせ、グリルで好みの焼き加減に焼く。
3. 肉を切りわけて器に盛り、エスプーマでソースを絞り出す。

Le petit truc en +
おすすめ

肉は、焼いたあとアルミホイルで覆って5分ほど休ませると、さらにおいしくなる。

ESPUMA DE SÉRAC

セラックのソース エスプーマ仕立て
レストラン「レ・トゥーリスト」によるレシピ
アルパージュ製セラックにぴったりなオリジナルのアミューズブーシュ！

◆

調理時間：10分

INGRÉDIENTS
―
材料
小皿10皿分

セラック…200g
牛乳…200㎖
生クリーム…50㎖
チャイブ（小口切りにする）、塩
　…各適量

道具
エスプーマ

1. チーズと牛乳をミキサーにかけ、なめらかになったら生クリームと塩を加えて混ぜる。
2. 目の細かいザルで漉し、エスプーマ本体に入れる。
　※カートリッジは1本のみ使用。
3. 小皿に絞り出し、チャイブを散らす。
　※エスプーマの泡はすぐに沈むので、すぐに提供する。

SAUCE AU ROQUEFORT

ロックフォールソース
フライパンで焼いた肉にぴったりな、簡単でおいしいソース！

◆

調理時間：20分

INGRÉDIENTS
―
材料
4人分

ロックフォール（できればヴュー・ベルジェ）
　…200g（小さく切る）
赤ワイン…200㎖
生クリーム…200㎖
肉（鶏または豚の薄切り肉または牛の厚切り
　肉など）…適量
塩…適宜

1. 肉はフライパンで焼き、器に盛りつけ、アルミホイルで覆って保温しておく。
2. 肉を焼いたあとのフライパンに残った脂をふき取り、ワインを注いで強火で半分の量になるまで煮詰める。
3. チーズと生クリームを加え、チーズが溶けるまで混ぜる。
4. 肉から流れ出た肉汁を集めて加え、好みの濃度になるまでさらに煮詰める。必要であれば塩で味を調える。
5. 4をミキサーにかけ、なめらかなソースにする。
　※ソースポットに入れ、器に盛った肉に添えて提供する。

RECETTE VÉGÉTARIENNE／PLAT À LA VIAND　ベジタリアンレシピ／肉料理レシピ

TOMME À L'ANCIENNE
トム・ア・ランシエンヌ

DATA
原産地：プロヴァンス地方
原料乳：山羊乳
分類：シェーヴルタイプ（ソフトタイプ）
風味：おだやか
重量：約100ｇ
熟成：10〜30日

プロヴァンス地方と言えば、緑の草原で草を食む牛たちをイメージする人は少ないだろう！　それよりも、さまざまな草木がまばらに生える乾燥した石灰質の土地（ガリッグ）と、羊飼いと山羊たちの姿が思い浮かぶはずだ。タイムやローズマリーなどのハーブもプロヴァンスらしい。この地方のおいしいシェーヴルチーズを味わうときは、こうした香りを思い出すとよいだろう！

☞ **プロヴァンスのチーズの祖先？**

この地方の荒涼としたテロワールは、山羊たちにとって格好の場所なので、プロヴァンス地方に優れたシェーヴルチーズが多いのは当然のことだ。素晴らしいチーズが揃っている！
古い歴史をもつチーズゆえ、「トム・ア・ランシエンヌ（昔風トム）」とも呼ばれる「トム・ド・プロヴァンス」は、この地方を代表するバノンの近縁にあたるチーズ。大きな違いは、バノンが栗の葉で包まれているのに対し、トム・ド・プロヴァンスはそのままだという点。このチーズは、プロヴァンス地方のチーズの祖先とも言われている。プロヴァンス各地で生産されており、熟成期間は10〜30日。クリーミーな見た目で、際立った風味がある。ぜひ、シェーヴル好きに食べてもらいたいチーズだ！

BRIN D'AMOUR
ブラン・ダムール

DATA
原産地：コルシカ島
原料乳：羊乳
分類：ソフトタイプ
風味：おだやか
重量：500〜700g
熟成期間：30〜50日

コルシカ島に特有の、さまざまなハーブや低木が密生する灌木地帯は「マキ」と呼ばれ、この島を象徴する香りが漂う。このチーズは、この島の羊のミルクに、香り高いマキのハーブとジュニパーベリーをまぶしたチーズで、「フルール・デュ・マキ（マキの花）」とも呼ばれている。この島のチーズを嵐のなか、船でフランス本土に運んだところ、積み荷の乾燥ハーブと混ざってしまい、ブラン・ダムールが誕生したという逸話が残っている。これもまた、ナポレオンの故郷コルシカ島らしい壮大なストーリーだ！

☞ **若いチーズ VS 古いチーズ**

このチーズが誕生したのは1950年代のことで、コルシカ島で無殺菌乳から作られている数少ないチーズのひとつだ。まだ若いうちはハーブの香りが圧倒的で、理想的な羊乳の味、このチーズならではの味ではない。
若いうちに食べるなら、表皮は取り除くことをおすすめする。食べたときにハーブの食感が不快で、ハーブの風味がチーズの味わいを台なしにしてしまう。それゆえ、このチーズに熟成は絶対に欠かせない。数週間も熟成させると灰色のカビに覆われ、味はまったく違うものになる。表皮は必ず食べてほしい。ハーブはしっとりした状態になっており、ハーブとチーズの調和した風味を楽しむことができる。見た目の魅力はかなり損なわれるが、チーズは美しさで買うのではなく、味わいで買うものだ！

オクシタニア、プロヴァンス＝アルプ＝コート・ダジュール地域圏、コルシカ島

PLAT À LA VIANDE 肉料理レシピ

RISOTTO CORSE

コルシカ風リゾット

レストラン「ル・ブション・プロヴァンサル」フレデリック＆セバスチャン・モンドゥレによるレシピ

◆

調理時間：40分

INGRÉDIENTS
―
材料
4人分

シェーヴルチーズ（できればオーガニック
　のヴェズまたはサポーレ・コルサ）
　…200g（小さく切っておく）
パルミジャーノ・レッジャーノ
　…50g（おろす）
リゾット用米（できればイタリア産の短粒米
　のアルボリオ米）…250g
ソーセージ（できればコルシカ島の臓物入
　りソーセージのフィガテル）
　…120g（輪切りにする）
小玉ねぎ…50g（みじん切りにする）
にんにく…2片（みじん切りにする）
バター…50g
チキンブイヨン（または野菜のブイヨン）
　…1ℓ（熱しておく）
白ワイン…40㎖
黒こしょう…適宜

1. フライパンにバター20gを入れ、にんにくと玉ねぎをしんなりするまで炒める。
2. ソーセージを加えて炒め、さらに米を加え、全体にバターがまわってつやが出るまで炒める。
3. ワインを注いで蒸発したら、ブイヨンを少しずつ加えて混ぜ、20分ほど炊く。
4. 残りのバター、チーズ2種を加え、バターとチーズを溶かすように混ぜ、すぐに器に盛りつける。好みでこしょうをふる。

SUISSE

◆

スイス

LA CARTE DE SUISSE DES FROMAGES

スイス チーズマップ

この本に登場する逸品を含むスイスのおいしいチーズを紹介しよう。

- グリュイエール AOP（P.172）地域
- スプリンツ AOP（P.194）地域
- ヴァレー州のアルパージュ

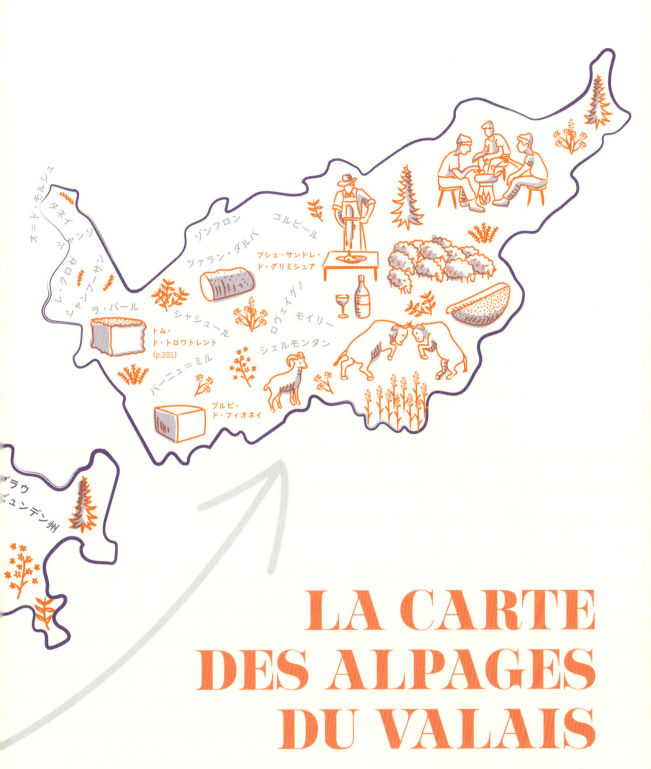

LA CARTE DES ALPAGES DU VALAIS

ヴァレー州のアルパージュ

ラクレットチーズのコンクール「オヴロナ・フロマージュ＆シメ」で受賞した
アルパージュ製チーズ。

L'alpage en Valais
ヴァレー州の高地での夏季放牧

チーズとは人生だ。そして人生とは、何よりも人の営みに他ならない。アルパージュ製ラクレットチーズは、私にとって神聖なものだ。アルパージュの特殊性を理解してもらうために、舞台を山岳地帯に移し、順を追って説明しよう。数字の順に読み進めてほしい。

ヴァレー州の山間部で欠かせない、アルパージュ製ラクレットチーズ作りがはじまる。世界最高峰のチーズのひとつであることはまちがいない！

農家はそれぞれ、山の中腹にある馬小屋と簡素な住居からなる夏専用の小さな小屋「マイエン（シャレー）」を所有していた。ちなみに、夏や冬のリゾート地の多くは、これらの小屋を基に発展した。ふもとの平原での時期と、高地での夏季放牧の間の時期には、個人消費用の小さなトムが作られていた。

マイエン周辺の草がなくなりはじめる6月中旬ごろになると、牛たちは再び高地を目指し、最終目的地の山の牧草地にたどり着く。

今日では、牛たちをふもとから高地の牧草地へ直接移動させるが、かつては、5月の初めから数週間かけて移動させていた。

この夏季放牧の間、牛たちは標高1000～2000mの山間部を歩きまわり、6月のタンポポからリンドウ、そして私が名前を知らない植物まで、実にさまざまな花やハーブを食べる。私はもうチーズで十分なので、植物学を勉強するつもりはないが、確かなことは、チーズのクオリティーは、牛たちが食む植物の多様性に比例するということだ。タンポポはチーズにほのかな苦味を、小さくてデリケートな高山植物たちは、チーズに繊細さと洗練された風味をもたらす。

9月中旬から下旬、秋の訪れとともに「デザルプ（牛の下山）」の時期がやってくる。この日は再び、和気あいあいとしたお祭り騒ぎだ。花冠で誇らしげに飾られた女王牛に先導され、牛たちはマイエンまで行進する。その日の締めくくりには、牛の飼い主たちにチーズが配られるが、それぞれの牛の搾乳量に応じて、受け取る石臼形のチーズの数が変わる。そして和やかな宴のなか、ワインが次々に空けられ、初物のラクレットチーズを味わう。

ここで過去と現在が出合う。足の短い黒牛を想像してみてほしい。ほんの数頭の牛の群れが多数集まり、ひとつの大きな群れが生まれる。ここで牛たちが合流することで、ヴァレー州ならではの、エラン種の牛に特有の現象が起きる。牛たちは本能的に、誰が女王になるかを競いあう。この「女王争い」で、誰が群れを率い、最高の放牧地を自分のものにするかが決まる。その日はお祭りだ。牛の飼い主や家族、友人、そして観光客が、牛たちの伝統的な闘いを見るために押し寄せる。和気あいあいとした雰囲気のなか、食事はラクレットになることが多い。

クロードの見解

エラン種の牛はこの地方では崇拝され、飼い主からたいそう大事に扱われるが、そのミルクはというと、はっきり言ってあまりおいしくない。それゆえ、実際に夏季放牧で高地に放牧されるのは質のよいミルクを産する別の乳牛だ。しかし、エラン種の牛はこの地の象徴として、「女王争い」の主役として大役を果たしている。

夏季放牧（アルパージュ、エスティーヴまたはイナルプ）とは、世界中の山岳地方に共通する伝統行事。私の故郷ヴァレー州では、初夏の風物詩だ。毎年5月か6月になると、牛たちは高地の牧草地へ導かれ、夏の間そこで放牧される。

169

LES LAITERIES DE MON ENFANCE

私の幼少時代のチーズ工房

かつてヴァレー州の村々にはどこでも、乳製品加工所があり、ラクレットチーズやセラックが作られていた。

乳製品加工所は村人たちにミルクを販売する場所でもあった。乳製品加工所と聞くと、当時の記憶がまざまざと蘇ってくる。その時代を知らない人も多いと思う。

6歳になると私の夕方の日課は、蓋と取っ手のついたブリキ缶に2ℓほどの牛乳を汲んでくることだった。私と同年代の人にとっては懐かしいであろう、あのミルク缶だ。

乳製品加工所では、ミルクを買う人は1列に並ばなければならなかった。自分の番がまわってくると、大きな男性が目の前に現れる。子どもの私にはとても大きく見えた。この男性の前に立っている自分の姿が今でも目に浮かぶ。彼は木製の巨大なミルク桶に1ℓの計量器を突っ込んでミルクを汲み、私の小さな缶にミルクを注いだ。それで終了だ。代金はその場で払わなくてよく、購入したものは、「カルネ・デュ・レ（ミルク帳）」と呼ばれる帳面につけてくれた。私は友人たちとワイワイ騒ぎながら（ときには少しミルクをこぼすこともあったが）、楽しく家路についた。

今日では、乳製品加工所はほとんど姿を消し、こうしたミルクの配給も過去のものとなった。家畜が少なくなるにつれ、いくつかの村の乳製品加工所が協同するようになった。しかし、アイヨン、サヴィエーズ、ディクサンス、オート・ナンダ、イゼラブルなど、私が定期的に取引をしている乳製品加工所はまだ数軒残っており、いずれも素晴らしいラクレットチーズや小型のトムを生産している。昔ながらの伝統は失われていくが、それもまた時の流れだ。

クロードのエピソード

「カルネ・デュ・レ」は、本来の目的ではもはや使われていないが、兄と私はまだ愛用している。兄のレストランで食事をするとき、会計の際に私が「カルネ・デュ・レにつけておいて」と言うと、客たち（特に観光客）がびっくりした顔をする。その顔を見ると、私たちは目をあわせてクスッとしてしまう。

171

ハード系チーズ3兄弟

グリュイエールAOP、コンテAOP（フランス）、ボーフォールAOP（フランス）の3つのチーズは切り離せない。そのため、フランス製のコンテとボーフォールは、こちらのスイスの章で紹介している。

GRUYÈRE AOP
グリュイエールAOP

DATA
原産地：スイス
原料乳：牛乳
分類：（加熱）圧搾タイプ
風味：おだやか
重量：25〜40kg／20〜35kg（アルパージュ製）
熟成期間：5〜36か月
AOC認証：2001年
AOP認証：2011年

誰もが知っているチーズ！ 「グリュイエール」という名は、世界中で通称として使われている。そんなチーズの最高峰は、グリュイエールAOPだ！

☞ 旅するチーズ

このチーズの名は、フリブール地方の町の名に由来しているが、ヴォー州やヌーシャテル州、ジュラ州、ジュラ・ベルノワ州など、スイスのさまざまな地域のチーズ工房でも作られている。さらに驚きなのは、あまり知られていないが、スイスのドイツ語圏のシュヴィーツ州、ツーク州、ベルン州のチーズ工房でも作られている。ドイツ語圏に、こうしたグリュイエールの「飛び地」が存在するのは、フランス語圏のスイス人がドイツ語圏に移住したという歴史的背景があるからだ。グリュイエールは、なんと旅好きなチーズだろう！

☞ グリュイエールは穴なしチーズ！

グリュイエールは、牛乳を原料とするハード系チーズ。カーヴで最長36か月まで熟成可能な長期保存タイプだ。そしてチーズアイはない！ 一方、ベルン州のエメンタール地方（タールは「谷」、エメは「川」の名）のチーズ、エメンタールには大きなチーズアイが多数ある。私のカーヴでは、もう何年も前から、ジャン＝クロード・ピテがアンブルネックス山の牧草地で作るアルパージュ製のグリュイエールを扱っている。現在では、ジャン＝クロードの息子が家業を引き継ぎ、代々続く農家の5代目を務める。スイスが誇るこの美食の宝石を引っさげ、彼は2016年の「スイス・チーズ・アワード」でスイスチャンピオンに輝いた。彼のチーズは「最優秀アルパージュ製グリュイエールAOP」に認定されたのだ。

☞ すべてに万能なグリュイエール

このチーズは、そのままシンプルにパンと一緒に食べても、フォンデュに使っても、グラタンにしても、はたまた熟成度の違うものを食べ比べても、最高！ 大満足だ。

RECETTE VÉGÉTARIENNE　ベジタリアンレシピ

LE GRATIN DE CORNETTES
DE MON ENFANCE

クロード風マカロニグラタン

子どものころ、私が一番好きだった夜ごはんのメニュー。
このレシピは絶対に、この本で紹介しようと思っていた。

◆

調理時間：1時間

INGRÉDIENTS
－
材料
4人分

グリュイエールAOP…300g（おろす）
マカロニ（できればコルネット）…400g
牛乳…200㎖
生クリーム…200㎖
卵…4個
無塩バター…20g
塩、こしょう…各適量

1. マカロニを塩を加えた湯（材料外、適量）でゆで、水気を切り、一度冷水（材料外、適量）にさらしてマカロニどうしがくっつくのを防いでおく。
   ※ゆで時間は、パッケージの記載に従う。
2. ボウルに卵、牛乳、生クリームを入れてよく混ぜ、塩とこしょうで味を調える。
3. グラタン皿にバターを塗り、**1**のマカロニを広げ、**2**を流し入れ、チーズをたっぷりかける。
4. 天板にのせ、200℃のオーブンで最大20分焼く。

Le petit truc en +
ポイント

表面はカリッと、なかはクリーミーに焼きあがるのがベスト！
そのためには、焼き時間は最大20分を目安に。

RECETTE VÉGÉTARIENNE　ベジタリアンレシピ

COMME UN BEIGNET DE VINZEL,
VIEUX GRUYÈRE D'ALPAGE ET CONFIT DE POIRES

古いグリュイエールのヴェーゼル風ベニエ 洋ナシのコンフィ添え
レストラン「ダミアン・ジェルマニエ」によるレシピ

◆

調理時間：35分（＋マリネ時間2時間、冷やす時間10分）

INGRÉDIENTS
—
材料
4個分

ベニエ

　グリュイエール（古いアルパージュ製）
　　…300g
　薄力粉…20g
　シャスラワイン（スイス産、高品質のもの、または辛口白ワイン）…100㎖
　白ワイン…10㎖
　卵…1個
　食パン（スライス）…4枚（直径6㎝の円形の抜き型で抜く）
　キルシュ…大さじ1
　オリーブオイル、こしょう…各適量

洋ナシのコンフィ

　洋ナシ（大）
　　…2個（小さなさいの目切りにする）
　砂糖…小さじ1
　マスタード（できればモー産）
　　…小さじ1
　シードルビネガー…少量
　レーズン…適量（水で戻す）

ベニエ

1. チーズの下ごしらえをする。
   a. チーズは2㎝角に4個切り出し、シャスラワインに2時間漬け込んでおく。
   b. 残りのチーズはボウルにすりおろし、薄力粉、卵、白ワイン、キルシュ、こしょうを加えてよく混ぜる。
2. パンの中心に 1-a を1個ずつのせ、1-b をドーム状にのせて覆う。
3. 冷凍庫に入れ、10分ほど冷やして表面をかためる。
4. 170℃に熱したオリーブオイルにパンの面を上にして入れて揚げ、表面がカリッとして焼き色がついたら、キッチンペーパーに取って油を切る。

洋ナシのコンフィ

1. 鍋に洋ナシと砂糖を入れ、弱火で洋ナシが煮崩れるまで煮る。
2. レーズンを加えてさらに煮込み、適度に煮詰まったらマスタードとビネガーを加えて混ぜる。

盛りつけ

1. 器にベニエを盛り、洋ナシのコンフィを添える。

CORDON-BLEU...
AU BLEU

ブルーチーズ風味のコルドン＝ブルー
レストラン「ラ・プロムナード」によるレシピ
次のページに続くレシピとあわせて3種のバリエーションで紹介しよう。

◆

調理時間：35分（＋冷やす時間1時間）

INGRÉDIENTS
材料
1個分

ロックフォール（またはフルム・ダンベールなどの青カビタイプのチーズ）…40g

豚ロース肉…1枚 (130g)

生ハム（できればヴァレー州のAOP認証のもの、スライス）…2枚 (40g)

パンのクラム…10g

くるみ…10g

植物油、塩、こしょう…各適量

1. 下ごしらえする。
   a. パンとくるみをミキサーにかけ、細かいパン粉状にする。
   b. 豚肉はビニール袋に入れ（またはラップで包む）、肉たたきかフライパンでたたき、厚さ3mmにのばす。作業台に広げ、塩、こしょうをする。
   c. チーズはハムで包む。
      ※あらかじめハムでチーズを包むことで、焼いたときにチーズがこぼれるのを防げる。

2. 1-bの豚肉の手前半分に1-cをのせ、残りを折り返して縁を押さえてしっかり閉じる。

3. 表面に1-aのパン粉をまぶし、ラップできつく包んでパン粉がしっかりつくようにし、冷蔵庫で1時間ほど冷やす。

4. 冷蔵庫から取り出し、再び1-aのパン粉をまぶす。

5. フライパンに油を引いて中火で熱し、4をきれいな焼き色がつくまで片面ずつ焼く。
   ※パン粉がこげそうになったら油を加える。

6. 耐熱皿に移し、天板にのせ、180℃のオーブンで10分焼く。
   ※チーズが少し溶け出てきたら焼きあがり。

CORDON-BLEU
CLASSIQUE

クラシックなコルドン＝ブルー

◆

調理時間：35分（＋冷やす時間1時間）

INGRÉDIENTS
―
材料
1個分

グリュイエールAOP…1枚（40g）
豚ロース肉…1枚（130g）
ハム…2枚（1枚20g）
パンのクラム…20g
植物油、塩、こしょう…各適量
ミックスサラダ…適宜

1. コルドン＝ブルーを作る（p.181）。ただし、生ハムをハムに、青カビタイプのチーズをグリュイエールに置き換え、パン粉はナッツを加えずパンのみで作る。

※盛りつけの際に好みでミックスサラダを添えても。

CORDON-BLEU
VALAISAN

コルドンブルー ヴァレー風

◆

調理時間：35分（＋冷やす時間1時間）

INGRÉDIENTS
―
材料
1個分

ラクレットチーズ（アルパージュ製、スモーク）…1枚（40g）
豚ロース肉…1枚（130g）
牛肉（燻製またはドライビーフ、薄切り）…2枚（40g）
ライ麦パン…20g
植物油、塩、こしょう…各適量
ミックスサラダ…適宜

1. コルドン＝ブルーを作る（p.181）。ただし、生ハムを牛肉に、青カビタイプのチーズをラクレットチーズに置き換え、パン粉はナッツを加えずライ麦パンのみで作る。

※盛りつけの際に好みでミックスサラダを添えても。

COMTÉ AOP
(FRANCE)

コンテ AOP
(フランス)

DATA

原産地：フランシュ＝
　　　　コンテ地域圏
原料乳：牛乳
分類：(加熱)圧搾タイプ
風味：おだやか

重量：32〜45kg
熟成：4〜36か月
AOC認証：1958年
AOP認証：1996年

重さ約40kgものこの巨大なチーズは、スイスから目と鼻の先にある、フランスのジュラ地方で生産されている。その歴史は、私の小さな母国と密接に結びついている。

☞ フランシュ＝コンテ地域圏とスイスの密な関係

中世の12世紀には、このチーズが存在していたという痕跡がある。当時、スイスという国はなかった。フランシュ＝コンテ地域圏は、地理的にグリュイエールの生産地域と非常に近いため、村ごとの違いはあるにせよ、似たようなチーズが作られていたのだろう。しかし、このチーズの歴史のなかで、スイスが果たした役割について語らせてほしい。現在、食卓に並ぶコンテは、その構成はかなり異なるとはいえ、スイスのグリュイエールの影響を受けていることは確かだ。「いとこ分」と言われるには理由がある。

☞ フランスのスイス人？ スイスのフランス人？

1678年、ルイ14世がフランシュ＝コンテ地域圏を併合すると、人口の少ないこの地に、グリュイエール地方から多くのスイス人が移住した。また、フランシュ＝コンテ地域圏の人々がスイスに逃れ、しばらくして故郷に戻ったという話もある。フランスにスイス人が移住？ スイスにフランス人が移住？ おそらくその両方だ。いずれにせよ、彼らはレンネットの製法をもたらした。それ以前は、ミルクを凝固させるのに植物が用いられていたと思われる。新しい製法を用いたチーズは「ヴァシュラン・ファソン・グリュイエール（グリュイエール製法のヴァシュラン）」と呼ばれるようになった。やがて19世紀末、名称は「グリュイエール・ド・コンテ（コンテのグリュイエール）」に変わった。第一次世界大戦の最中、戦線に向かったフランス人の穴埋めに、またもやスイス人が移り住んだ。中立国という立場もあながち悪くはない。おかげでコンテの生産は途絶えなかったのだから！ 実際、1919年の戦争終結時には、コンテ製造者の半数以上がスイス人だったと推定されている。そして1958年、コンテはAOCに認定された。

チーズ雑学

コンテの特徴のひとつは、フェルミエ製の製造が禁止されていることだ。コンテを作るには必ず、いくつかの異なる農場の牛乳を混ぜあわせる必要がある。

184　SUISSE

BEAUFORT AOP
(FRANCE)

ボーフォールAOP
（フランス）

DATA

原産地：ローヌ＝アルプ地域圏 サヴォワ地方
原料乳：牛乳
分類：（加熱）圧搾タイプ
風味：おだやか〜際立つ
重量：20〜70kg
熟成：5〜36か月
AOC認証：1968年
AOP認証：1996年

ボーフォールは、山のチーズの最高峰だ。このチーズが作られる、サヴォワ地方の山の牧草地は特に標高が高く、2000mを超えるところも多い。もともとこの地では、「ヴァシュラン」と呼ばれる重さ10kgの小さなチーズが作られていた。17世紀には、ボーフォルタン渓谷で、グリュイエールタイプの大型チーズ（40kg）が作られるようになった。当時、「グロヴィール」の名で知られたこのチーズは、1865年にボーフォールと名づけられた。

☞ そった側面が特徴

ボーフォールは、側面が内側に湾曲した特徴的な形状で、一目でそれとわかる。しかし、なぜそっているのだろう？　ありとあらゆる質問を私にぶつけたい気持ちはわかるが……。説明のつく理由はふたつある。側面が湾曲し凹んでいると、ラバの背中にチーズをのせやすくなるからだ。また、熟成中にチーズが崩れるのを防ぐことができる。コンテAOPやグリュイエールAOPと同様、ボーフォールAOPも、カーヴでゆっくり長期熟成（最長36か月）させることで完成する。

チーズ雑学

「いとこ分」であっても、グリュイエール、コンテ、ボーフォールの3つのチーズはまったく異なる。味わいは、コンテが最も魅力的であり、グリュイエールは最もバランスがよく、ボーフォールは最もフルボディだ。しかし、これは基本的な特徴であり、私のカーヴで3年という長い熟成期間を経ると、この3つのチーズは次第に似てくる。

よく似ている3つのチーズ！

	AOP認証	重量	サイズ	加熱温度	乳脂肪分	最低熟成期間	見た目
グリュイエール	2011年	20〜40kg	55〜65cm	54〜59℃	45〜53%	5か月	側面がやや内側に湾曲
コンテ	1996年	32〜45kg	55〜75cm	30〜53℃	45〜54%	4か月	側面は平らか、わずかに内側に湾曲
ボーフォール	1996年	20〜70kg	35〜75cm	53〜56℃	48%	5か月	側面は内側に湾曲

RECETTE VÉGÉTARIENNE　ベジタリアンレシピ

GOUGÈRES
AU COMTÉ

コンテ風味のグジェール

♦

調理時間：1時間

INGRÉDIENTS
—
材料
25個分

コンテ（よく熟成したもの）
　…120g（小さな角切りにする）
薄力粉…140g
無塩バター…60g
卵…4個（溶きほぐす）
塩…ひとつまみ
こしょう…少々

1. 鍋に水250㎖（材料外）を入れ、バター、塩、こしょうを加えて中火にかけ、混ぜながらバターを溶かす。
2. 鍋を火からおろし、薄力粉をふるい入れて手早く混ぜる。
3. 再び中火にかけ、木ベラで2〜3分力強くかき混ぜ、粉っぽさがなくなってひとかたまりになったら、再び火からおろす。
4. 卵を4回にわけて加え、その都度力強く混ぜあわせる。
5. チーズを加えて混ぜあわせ、絞り袋に入れる。
   ※絞り袋の口金は不要。
6. オーブンシートを敷いた天板に、小さな円形状に25個均等に絞り出す。
7. 200℃のオーブンで25分焼く。

Le petit truc en +
アレンジ

コンテの代わりに、グリュイエールやボーフォールなど他のチーズを使ってもよいが、
必ず風味豊かなチーズを選ぶこと。このレシピには、よく熟成したチーズが欠かせない。
焼成中にチーズが溶け出してきても、問題ないのでご心配なく。
むしろ、カリカリした食感がもたらされ、グジェールをおいしくしてくれる。

BREBIS
ALPAGE DE LA PIERRE

ブルビ

アルパージュ・ド・ラ・ピエール

DATA

原産地：スイス　　　　風味：おだやか

原料乳：羊乳　　　　　重量：2〜4.5kg

分類：セミハードタイプ　熟成期間：2〜9か月

私は数年前から、チーズ工房「アルパージュ・ド・ラ・ピエール」のラクレットチーズを扱っている。このチーズは、コル・ド・ク山の裾の標高1690ｍの高地で作られている。この地はまた、シャンペリーのスキーリゾート、ポルト・デュ・ソレイユの中心地でもあり、フランス国境は目と鼻の先だ。

☞ **牛のミルクから羊のミルクへ**

この工房は特殊で、冬になると完全に雪に埋もれ、春になると再び姿を現す。現在は、7代目となるジャン＝リュック・ヴューと息子のジュリアンが営んでいる。ヴュー家は、水源をまもるために牛の数を減らさざるを得なかった。そこでジュリアンの発案で、羊を飼うことで選択肢を広げた。ジャン＝リュックはずっと牛乳からラクレットチーズを作ってきたので、羊のミルクにも同じ製法を適用するのは自然な流れだった。

☞ **急斜面に生息する多様な植物群**

前回訪れた際、ジュリアンは農場から数百メートル離れた、岩場の足元にいる羊に会いに連れて行ってくれた。その道のりは非常に険しく、ロッククライミングに近いものだったが、岩の斜面に驚くほど多様な植物が生育していることに驚いた。タイム、クミン、アニスなどが豊富に茂り、牛たちの大好物だとジュリアンは教えてくれた。彼の作るチーズはどおりでおいしいわけだ！

☞ **羊とラクレットチーズ？**

うちにはこの工房の、牛のミルクから作られたチーズはほとんど在庫がない状態だが、ジュリアンが作る羊のミルクのチーズもおいしく、熟成の度合いにもよるが、ラクレットチーズを作るのにも理想的だ。一家が見出した解決策は功を奏し、今日、ヴュー家はブルビチーズの生産者として際立った存在となっている。

チーズ雑学

「ラ・ピエール（石、岩）」という名前は、彼らの家（居住区、馬小屋、チーズ工房を併設）の背後に巨大な岩があり、雪崩からまもってくれていることに由来する。

COLOMBETTES
コロンベット

DATA

原産地：スイス
原料乳：牛乳
分類：セミハードタイプ
風味：おだやか
重量：5〜6kg
熟成期間：60〜180日

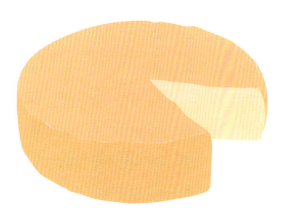

新しいタイプのチーズ製造に取り組んでいるチーズ工房を発見すると嬉しくなる。フリブール州ならグリュイエールやヴァシュラン、ヴァレー州ならラクレットやセラックといった具合に、伝統的なチーズだけを作っているところが多いものだから。私はよくチーズ製造業者にこう言っている。「1種類のチーズだけしか作っていないと、それをふたつ売るのは難しい」。

☞ 革新的なチーズを生み出す力

このチーズは、革新的で新たなチーズを生み出したいという熱意から生まれた。フリブール州グリュイエール地方のヴアダンにあるチーズ工房で作られている。「コロンベット」という名は、この地を象徴する存在である山小屋「シャレー・デ・コロンベット」に敬意を表して名づけられたという。
ヴァシュラン・フリブルジョワと同じ製法で作られるが、こちらは生クリームを加えるのが特徴。そのため、非常におだやかでおいしく、食べやすく、誰からも好まれる味わいだろう。

クロードのアドバイス

このチーズは、「アルパージュ製チーズのクルート ハムと目玉焼き添え(p.213)」に最適。また、ラクレットに使ってもおいしい。

スイス **189**

FROMAGE MARINÉ AU MARC D'HUMAGNE
UNE BELLE TRADITION QUE J'AI LANCÉE EN 2013 !

フロマージュ・マリネ・オ・マール・デュマーニュ
私が2013年に商品化した、素晴らしいチーズ！

DATA

原産地：スイス　　風味：フルーティー＆おだやか
原料乳：牛乳　　　重量：2〜5kg
分類：セミハードタイプ　熟成期間：90〜150日

私の住むヴァレー州は、高い山々が連なる風景が特徴的。平野部の斜面には、ブドウ畑がはりつくように広がり、山の頂に手をのばしているかのようだ。ヴァレー州の素晴らしいチーズと、それに劣らず素晴らしいワインとのマリアージュを試してみない手はないだろう。もちろん、チーズ×ワインのテイスティングには、数え切れないほど参加しているが、これはちょっと別のアプローチだ。

☞ 地元産のワイン

ユマーニュ・ルージュはヴァレー州固有のブドウ品種で、私の村レイトロンのテロワールにとりわけ適している。ブドウ畑に囲まれたこの村での生活は、ブドウ樹の季節のリズムによって刻まれる。12軒ほどのワイン農家が、ファンダンからプティット・アルヴィン、ピノ・ノワール、そしてもちろんユマーニュ・ルージュまで、さまざまな特産ワインを生産している。私はこれらのワイナリーのいくつかを定期的に訪れ、ワインとチーズを融合させるべく、さまざまな方法を試みたが、いずれも満足のいく結果にはならなかった。

☞ 大胆なマリアージュ

そんなとき、よいアイデアが浮かんだ！ 2013年の収穫期、私はブドウを圧搾機にかけたあとに残るマール（ブドウの搾りかす）を集めた。そして、チーズをしばらくマールに漬けておいたのだ（企業秘密なので、ご内密に！）。
こうすることで、ふたつの現象が起きる。ひとつめは、チーズにユマーニュ・ルージュのワインのような風味が染み込む。そしてふたつめは、これが何よりの驚きだが、チーズが少し発酵し、通常よりもやわらかくなめらかになるのだった。

☞ 結果は大成功！

マールから取り出すと、いよいよここから熟成の本領発揮だ。私のカーヴの壁の厚さによる気密性の高さのおかげで、奇跡が起こる。チーズをペニシリウム・カンディダムの薄い層が覆い、マールの種を表皮に定着させるのだ。こうして繊細でさまざまな風味が広がる、白と黒の表皮をもつ見事なチーズが誕生したのだった。
大成功を収めた直後、私は赤ワインのブドウの搾りかすで熟成させたイタリアのチーズに出合った。ブドウの品種はわからなかったが、近年、「加工」チーズやフレーバーチーズの流行で、あちこちで目にする機会が増えている。ヴァレー産スモークチーズ（プティ・ヴァレザン・フュメ、p.193）など、他にも新たな試みは続いている。

クロードのアドバイス

このチーズ作りにはラクレットチーズを使っているので、いかようにも活用できる。私の場合、少し削ってレイトロン産のユマーニュ・ルージュのワインとあわせて食べるのが定番。もうそれだけで十分だ！

GLETSCHERBACH
グレチャーバッハ

DATA

原産地：スイス
原料乳：牛乳
分類：セミハードタイプ
風味：おだやか～際立つ
重量：10～16kg
熟成：1～3年

私はこのチーズを、自慢の古いカーヴで熟成させるのが大好きだ！ 30kgもあるグリュイエールに比べて、15kgとかさばらないサイズで、作業も容易。このチーズを熟成させるたびに、いつも驚かされる。

☞ **熟成が進むにつれて風味が主張**

若いうちはグリュイエールに似ているが、熟成が進むにつれて、このチーズ特有の風味と独特のアロマが際立つ。この類いまれなるチーズは、「レシュティグラーベン」経由で、私のカーヴにたどり着いた！
グリュイエールよりもサイズが小さいので、熟成はより早い。チーズというのは、大きければ大きいほど、熟成に時間がかかる。このチーズを24か月熟成させると、表皮は不規則になり、わずかにふくらみ、シロンも数匹見られる。しかし、切ってみると、熟成が進んでいるにもかかわらず、中身はやわらかい状態を保っており、「乾燥してパサついた」感じはまったくない。風味が非常に豊かで、味わいは驚くほど長く続く。なんとも贅沢なチーズだ！

☞ **雄大な自然のもとで生まれたチーズ！**

ベルン州にある夏季放牧の山小屋から、モルテ平原を流れる氷河湖（グレチャー）から流れ出る小川（ドイツ語でバッハ）を一望できることが、このチーズの名の由来。この地方には滝がいくつもあり、肥沃な土壌が広がる。このチーズは、その自然の恩恵を最大限に受けている！

チーズ雑学

「レシュティグラーベン」という表現は、フランス語では「バリエール・ド・レシュティ（ロスティの境界線）」と呼ばれるが、これはスイスのフランス語圏とドイツ語圏を隔てる、メンタリティや言語、食習慣、政治的意見などの違いを指す。まったく異なるふたつの世界だが、どちらも同じ国の一部なのだ。

PETIT VALAISAN FUMÉ
プティ・ヴァレザン・フュメ

DATA
原産地：スイス
原料乳：牛乳
分類：セミハードタイプ
風味：おだやか
重量：2kg
熟成期間：3〜7か月

近年、燻製のラクレットチーズが流行っている。多くの人が連絡してくるが、私のお眼鏡にかなうものは少ない！

☞ スモークチーズに挑戦？
この手のタイプのチーズは、スモーキーな風味が強すぎて、人工的な印象さえ受けることが多い。私はかつてケータリング業に携わっており、鴨の胸肉（マグレ）、鮭やマスの切り身などを燻製していた経験があるので、それならば、自分でスモークチーズに挑戦してみようと思ったのだ。

☞ 素晴らしいカラマツのおかげ
私はアルプス山脈の高山に生育する針葉樹、カラマツの木屑を使い、若いラクレットチーズを冷燻してこのチーズを作っている。使用するチーズはアルパージュ製なので、アルプス山脈の2000m以上にのみ生育するカラマツを使うのは当然の選択肢だった！　さらに個人的には、この木のあたたかみのあるオレンジ色が好きで、なによりアルプスと私の暮らすヴァレー州の象徴だと思っている。一方、味に関しては、この木でいぶすことでチーズに特別な風味をもたらすとは思わないが……私よりも舌の肥えた人なら、ほのかな風味を感じるだろう。

☞ チーズの味ありき！
私の燻製小屋は、標高1350mのところにあるので、冬でも問題はない。夏の時期、山ではチーズがフレッシュな状態で保管できるので、夜にスモークする。目的はチーズに軽いスモーキーなタッチを加えること。あくまでも、チーズの風味が主役であることが重要だ。どれだけ時間を費やしたかは、聞かないでほしい……。このチーズを理想どおりに仕上げるために、何度も試作を繰り返した。

☞ チーズ？ それともシャルキュトリー？
スモークチーズを初めて味わう人は、完全に驚くだろう。シャルキュトリーなのか、はたまたチーズなのかと思うほど新たな味わいだ。熟成の度合いによって、シンプルにそのまま、またはラクレットとして楽しめる。絶対に試してほしいチーズだ！

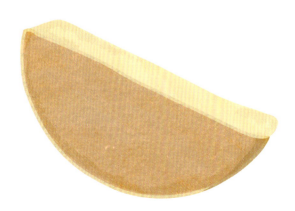

スイス　195

SBRINZ AOP

スプリンツAOP

パルミジャーノ・レッジャーノと歴史をともにしながらも、まったく異なる運命をたどったチーズだ。

DATA

原産地：ルツェルン、シュヴィーツ、オプヴァルデン準州、ニトヴァルデン準州、ツーク州
原料乳：牛乳
分類：ハードタイプ
風味：おだやか〜際立つ
重量：35〜48g
熟成期間：12〜48か月
AOP認証：2002年

このチーズは、スイス最古のチーズだといわれている。グリュイエールやエメンタールの原型にして、パルミジャーノ・レッジャーノの祖先でもある。

☞ **パルミジャーノ・レッジャーノの祖先**

このチーズが初めて公的な文章に言及されたのは、中世中期にさかのぼるが、当時は「スパレンケーゼ」という名称だった。当時はこの地方の村ブリエンツにいったん運ばれ、その後イタリアにまとめて大量に輸出された。スイス中部とイタリアのドモドッソラを結ぶこの交易ルートは、現在でも「スプリンツ街道」として知られ、ハイキングコースになっている。

やがて16世紀になり、イタリア人はスパレンケーゼを「スプリンツ」と呼ぶようになった。それゆえ、スプリンツが「パルミジャーノ・レッジャーノの祖先」だと言っても傲慢ではないだろう。実際、初めてパルミジャーノ・レッジャーノが作られたのは中世の時代とされており、スプリンツがイタリアに輸出されたのはまさにそのころだ。やがて、イタリア人がスイスのチーズ職人を呼び寄せ、スイスのチーズ作りのノウハウが持ち込まれたのだろう。

☞ **もともとは似ていたが、今はまったく別物！**

かつて、スプリンツとパルミジャーノ・レッジャーノは同じような製法で作られていたが、現在ではまったく異なる。スプリンツ作りでは、伝統的なチーズバットを使い、他の多くのチーズと同様に、カードは桶から直接型に移される。一方、パルミジャーノ・レッジャーノの場合は、お椀型の大釜でカードを大きなボール状に成形し、それを半分に切ってふたつのパルミジャーノ・レッジャーノを作る。

このふたつのチーズのもうひとつの顕著な違いは、原料のミルクの質だ。スプリンツは知名度が低いチーズだが、牛たちは春には牧草を食み、夏には高山の牧草地で放牧される。一方、世界中で人気のあるパルミジャーノ・レッジャーノは、評価も高く、各地で販売されており、需要に見合った量を作るには大量のミルクが必要で、1000頭を超える大型農場が関わっていることが多い。そして、乳量の多い種類の牛が好まれる。さらに、パルマ地方は夏が非常に暑いため、牛は外に出ることができず、牛舎で過ごすことになる。そのためミルクの質は、スプリンツの原料となる、屋外でのんびりと草を食んだ牛のミルクに劣る。残念ながらこれはコインの裏表だ。パルミジャーノ・レッジャーノは、今も変わらず非常においしいチーズではあるが、私がスプリンツを好む理由のひとつは、この点にある。

☞ 味わいと熟成

スプリンツは比較的、パルミジャーノ・レッジャーノよりも脂肪分が高いため（パルミジャーノ・レッジャーノが32％であるのに対し、スプリンツは45％）、よりおだやかでクリーミー。クリーミーといっても、ソフトタイプという意味ではなく、れっきとしたハード系だ。脂肪分が高いので、パルミジャーノ・レッジャーノよりぼそぼそしておらず、やみつきになる。小さなひと切れを食べると、大きなひと切れに手が出て……すべての風味が口の中に広がる。

このチーズは、パルミジャーノ・レッジャーノよりもずっと長く熟成させるのが好みだ。私のカーヴの片隅には、40か月以上熟成させたスプリンツが眠っている！ トライヤーでくりぬいて試食するたびに、さらにおいしくなっている印象を受ける（だからいつも、もうひと口となってしまう）。スプリンツはおろした状態で販売されていることが多いが、これは本当に残念なことだと思う。すりおろすのは非常にもったいない。

☞ 知名度の低いチーズ

今日、パルミジャーノ・レッジャーノは世界で最も広く消費されているチーズであり、どこでも知られている。一方、スプリンツは、主にスイスのドイツ語圏でのみ作られるチーズであるため知名度は低く、スイス国内でもフランス語圏ではそれほど知られていない。スプリンツは、もっと評価されるべきだ！

チーズ雑学

名前はイタリア人がブリエンツという村にちなんで名づけたといわれている。ブリエンツ、スプリンツ……イタリアなまりで発音すれば、ちょっと似ているように聞こえなくもない!?

RISOTTO CRÉMEUX AU SBRINZ,
JAMBONNETTES DE GRENOUILLES ET COURGETTES

スプリンツのクリーミーリゾット カエルのモモ肉＆ズッキーニ添え
レストラン「ヌーヴォ・ブール」グレゴワール・アントナンによるレシピ

◆

調理時間：1時間10分

INGRÉDIENTS
—
材料
4人分

スプリンツ…50g（おろす）
リゾット用米（できればイタリアの短粒米のアルボリオ米）…250g
カエルのモモ肉…24本
ズッキーニ（小）1本
エシャロット…1個（みじん切りにする）
にんにく…2片（みじん切りにする）
チャイブ…1/4束（みじん切りにする）
生クリーム…200㎖
無塩バター…30g
シェリービネガー…大さじ1
オリーブオイル…大さじ3
植物油、塩、こしょう…各適量
イタリアンパセリ
　…適宜（みじん切りにする）

1. 鍋に植物油を引き、米を入れて中火にかけ、米全体に油がまわるまで炒める。
2. 塩を少し加え、米の高さまで水（材料外）を注ぎ、芯が残る程度に10分ほど炊く。炊き上がったら、耐熱皿に広げて冷ます。
3. ズッキーニをスプーンで丸くくりぬき、塩を加えた湯（材料外、適量）で30秒ほどゆでる。ゆであがったら、氷水（材料外、適量）に取る。
　※緑色がきれいに保たれる。
4. フライパンに植物油を熱し、カエルのモモ肉を入れ、塩とこしょうをして焼き色がつくまで焼く。
5. エシャロット、にんにく、チャイブを加え、香りが出るまで炒める。
6. 小さなボウルにビネガーとオリーブオイルを入れて混ぜ、3のズッキーニをあえる。
7. 別の鍋に2の米を移して中火にかけ、チーズとバターを加えてよく混ぜ、さらに生クリームを加えてとろっとするまで煮込む。
8. 器にリゾットを盛り、カエルのモモ肉とズッキーニをのせ、好みでパセリをあしらう。

RECETTE VÉGÉTARIENNE ベジタリアンレシピ

RISOTTO DE CÉLERI
AU SBRINZ

スプリンツ風味のセロリのリゾット
セロリをリゾットに仕立ててみた！

◆

調理時間：40分

INGRÉDIENTS
材料
4人分

- スプリンツ…250g（おろす）
  ＋適宜（仕上げ用、薄く切り出してさらに小さく切る）
- セロリ…1本（5mmほどの角切りにする）
- 生クリーム…200ml
- イタリアンパセリ（みじん切りにする）、チャイブ（みじん切りにする）、塩、こしょう…各適量

1. 鍋に生クリームとチーズを入れて中火にかけ、沸騰させて少し煮詰める。
2. セロリを加え、塩とこしょうをし、セロリの歯ごたえが残る程度に3〜4分煮る。
   ※クリーミーな状態を目安にし、水分が足りない場合は、野菜ブイヨン（材料外）を少し加えて調節する。
3. 器に盛り、パセリとチャイブを散らし、好みでチーズをのせる。

TOMME DES MAYENS
トム・デ・マイエン

DATA

原産地：スイス　　風味：おだやか
原料乳：牛乳　　　重量：1～1.5kg
種類：ソフトタイプ　熟成：30～60日

その昔、ヴァレー州の農家は、家庭で必要なミルクを得るために牛を数頭飼っていた。12頭もの牛を飼う裕福な家庭もあったが、多くの家庭は、日々のミルクの需要を満たすのに十分な、数頭の牛で満足していた。

☞ 移牧

「昔はミルクのために3、4頭の牛を飼っていて、夏にはチーズを作るために牛を山に連れて行ったものだ」と、昔の人は語る。残りは村の乳製品加工所に運ばれた。5月になると、農民と牛たちは高山に移り、通常は標高1300m前後のマイエンで夏の期間を過ごした。各家庭がこのマイエンを所有し、牧草地のまっただなかに小さな集落をなしていた。

☞ 家庭消費用のトム

「マイエン暮らし」の期間中にも、各家庭はあまったミルクを乳製品加工所に運んでいたが、自分たちでチーズを作る農家はトム・デ・マイエン（マイエンのトム）を作っていた。なぜラクレットチーズではないのだろう？　それはきわめて論理的なことで、各家庭が飼育している牛の搾乳量は、この大きなチーズを作るには十分ではなかったからだ。伝統的なラクレットチーズには50ℓものミルクが必要だが、トム・デ・マイエンなら8～10ℓで十分だ。そのため、各農家は1～2kgの自家製トムを作っていた。その後、牧草がなくなると、牛たちは大きな群れにまとめられ、さらに高地の牧草地に連れて行かれた。そこでラクレットチーズが作られるのだが……それはまた別の話で！

☞ クリーミー＆なめらか

時代は変わり、現在ラクレットチーズは、ヴァレー州のあちこちの乳製品加工所で通年作られている。乳製品加工所の名にちなみ、「トム・アイヨン」「トム・ディゼラブル」などという。この小型チーズはわずかにしか加熱せず、圧搾せずに作られるため、クリーミーさとなめらかさが保たれる。重さは約4.5kgと伝統的なチーズよりずっと軽く、熟成も早く、わずか1か月で熟成に達する。

チーズ雑学

かつてのマイエンは今日では、スキーリゾートの宿泊施設へと姿を変えた。そのため、多くのスキーリゾートには、古いマイエンがいくつも残っている。

TOMME
DE TROISTORRENTS
トム・ド・トロワトレント

DATA
原産地：ヴァレー州
原料乳：牛乳
分類：(非加熱) 圧搾タイプ
風味：おだやか
重量：1kg
熟成：1〜6か月

チーズはカビを培養する。熟成を成功させるためには、カーヴ内の環境をカビで「飽和」させる必要がある。カビなしには、熟成は存在しない！

☞ 「ネコの毛」と呼ばれるケカビ

このチーズの外皮を覆う灰色の正体は、ケカビ。このカビは、湿度のある環境下に置いて、電光石火の速さで増殖し、あらゆるチーズに生育しようとする。そのため、カーヴではおそれられている厄介な存在だ。しかし、このチーズとサン＝ネクテール、トム・ド・サヴォワにだけには、このカビが必要不可欠なのだ。

☞ 隔離させて熟成

厄介なケカビのために、私はこのチーズとサン＝ネクテール、トム・ド・サヴォワだけは、隔離して隅っこで熟成させる。まるで罰ゲームのようだが、いずれのチーズもその味わいは、罰を受けるには値しない。
このチーズは、非常にきめ細かく洗練されており、熟成が進んでも決して強くはならない。表皮はそもそも食べたいとも思わないだろうが、口あたりが悪いので、チーズを味わう前に取り除くようにしよう。

☞ 有意義な交流から生まれたチーズ

トロワトレント地方の小さな村ヴァル＝ドゥリエで、ユベール＆ブリジット・グランジェが作る、このチーズの誕生秘話はおもしろい。2000年代、ユベールとブリジットは夏の間、ジュール・ロズ山で夏季放牧を行い、ラクレットチーズを作って過ごした。この期間、仕事を手伝ってくれるスタッフとして、彼らはフランスのサヴォワ地方のチーズ職人をひとり雇った。フランスに戻ったその職人は、地元でラクレットチーズも作りたくなった。そこで、サヴォワ地方のトムのレシピと、ラクレットチーズのレシピを交換しないかと申し出た。こうして、トム・デ・トロワトレントは誕生したのだった。

La petite histoire de la raclette

ラクレットの歴史

TOUT SUR LA RACLETTE ラクレットのすべて

この誰もが知っているチーズ料理ラクレットの歴史は中世にさかのぼる。16世紀末にローストしたチーズの記録が残っている。伝説によると、ある羊飼い（あるいはワイン用ブドウ栽培者）が、食事用にと思っていたチーズを火に近づけすぎた。チーズが溶けたのを見た羊飼いは、溶けた部分をパンにつけた。こうしてラクレットは誕生したのだった！

1870年以降、「ラクレット」という言葉は「溶けるチーズ」を表す言葉として使われるようになり、20世紀初頭からは料理そのものを表す言葉になった。ラクレットはヴァレー州が発祥の地だから…フランス料理だ（うわぁ！ 怒号が聞こえてきそうだ）。1815年にスイス連邦に加盟するまで、ヴァレー州はフランスのサヴォワ県に属していたのだから。フランス発祥のラクレットは、現在ではスイス料理ですらなく、ヴァレー料理だ！

しかし、ラクレットは、スイスでもフランスでも、ヴァレー渓谷の外に広まるのは遅かった。1970年代、ウィンタースポーツリゾートの発展とともに、ラクレットは人気料理になったのだった。伝統的なグリルは使われなくなり、私が個人的に「ラクロネット」と呼んでいるフライパン式調理器が使われるようになった。この新しい調理システムの利点は、非常に使いやすいことだ！ この器具をテーブルの真ん中に置き、各自が自分のチーズを焼く。しかも、このシステムだと、一度の食事で数種類のチーズを楽しめる。しかし、伝統的なラクレットのようにおいしいのだろうか？ それについては後述しよう。

ラクレットはとても簡単に調理でき、簡単に食べられるので、世界中で知られるようになった。そのため、私が伝統的なラクレット、つまりハーフ＆ハーフのチーズと伝統的なグリルについて話すと、「それは昔ながらのラクレットだね」とよく言われる。そう、私の出身地、ラクレット発祥の地であるヴァレー州では、ラクレットは過去のものではない。誰もが伝統的なグリルをもっている。

食欲をそそられる習慣

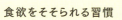

その昔、ヴァレー州のデレンス渓谷では、山に暮らす人々が焚き火のまわりでチーズを溶かし、パンに塗って食べていた。この料理は方言で「ルーシャ」と呼ばれる。

Les différentes sortes de raclette

ラクレットの種類

アルパージュ製ラクレットチーズ

私が思うに、アルパージュ製ラクレットチーズはラクレットチーズのロールスロイスだ。夏の間、レティエ製チーズと同じ工程で作られるが、山の牧草地では機械化が制限されており、薪の火で大釜をあたためることもある。古い貯蔵庫（熟成をうまくスタートさせるために非常に重要）、そして何よりも家畜の飼料が違う！
標高2000mほどで放牧されている牛の群れを想像してみてほしい。牧草は非常に繊細で背丈が短く、変化に富み、さまざまな小さな花が咲き乱れている。この標高では、草木はより太く、より栄養価が高い。興味深いことに、山の牧草地で作られたチーズには、平地で作られたチーズには含まれていないオメガ3が豊富に含まれている。
スイス連邦の『アグロスコープ（Agroscope）』誌によれば、「アルパージュのチーズから作られるフォンデュ（約200gのチーズ）には、魚をベースにした食事と同程度のオメガ3脂肪酸が含まれている」という。アルパージュ製チーズを食べよう！

味わいも大きく異なる。冬場のエサである、牛舎の干し草はチーズの味にほとんど影響を与えないが、夏場は多くの植物が膨大な風味をもたらす。たとえば、同じ牛と同じチーズ職人であっても、シーズンがはじまる5月、牛が標高1500m付近のタンポポが咲き乱れる牧草地にいるときと、夏の盛りに標高2000m以上の場所にいるときとでは、結果は異なる。実際、標高の高い場所で作られたチーズには、明確に区別するためにハートを刻印する習慣がある。

このような高品質のチーズは、当然ながら非常に珍重される。しかし、生産数量が限られているため、ますます希少価値が高まっている。運よく見つけたら、自分へのごほうびにどうぞ！

山岳部のラクレットチーズ、またはレティエ製ラクレットチーズ

冬の間に山村の乳製品加工所で作られるチーズが最も普及している。少なくとも3か月熟成させ、最大7か月まで熟成させることができ、その時点でコクと風味はより豊かになる。

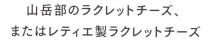

その他のラクレット用チーズ

シェーヴルチーズ：食感はあまりクリーミーではなく、じゃりじゃりするものもあるが、その風味と香りはシェーヴルチーズ好きにはたまらない。

ブルビチーズ：シェーヴルチーズよりも繊細で洗練されており、ナッツのようなアロマと調和の取れた風味がある。

フレーバーチーズ：近年、流行中。クマニラやパプリカ、こしょう、マスタードなどの素材をあわせたり、燻製にするなどして風味づけしており、さまざまなフレーバーがある。

低温加熱処理または低温殺菌されたミルク由来のラクレットチーズ：これらのチーズはごく一般的で、ラクレットチーズの下級品にあたる。なめらかでクリーミー、食べ心地はよいが、味はきわめて劣る。私が「おもしろくないチーズだ」と言い切っても、誰も驚かないだろう。

À la recherche
de la raclette parfaite

完璧なラクレットを求めて

———————◆———————

ラクレットチーズは、おそらく最も難しいチーズだろう。厳格な基準で作らなければならないうえに、熟成中の注意も重要だからだ。製造中、粒状にカットしたカードが乾燥しすぎたり、加熱温度が高すぎたり（最高で2℃以内）すると、ラクレットチーズは弾力性をもってしまい、溶けたときに脂肪分が分離してしまう。一方、チーズがやわらかすぎると、ラクレットに用いた際に、チーズは皿に広がって形が崩れてしまう。カーヴで熟成させる間、チーズのブラッシング、ウォッシュ、反転を、最初は毎日、そのあと週に2回、熟成後は週に1回行う。この作業が念入りに行われないと、「手づかみ」で、つまりそのまま食べてもおいしいかもしれないが、ラクレットには不向きかもしれない。

上手なチーズ選び

外観： オレンジ色がかった茶色の表皮は、チーズがよく熟成していることの証し。チーズにはほとんど裂け目がなく、長い切れ込みが何本かあるくらいで、エメンタールチーズのような大きなチーズアイがないどころか、小さなチーズアイもないものを選ぶ。

感触： かたいチーズはNG。かたいと、ゴムのような弾力性のラクレットになってしまう。チーズはやわらかいものの、締まったものがベスト。

熟成： 熟成期間は3〜7か月。それ以上寝かせると苦味が強くなりすぎるので注意。

適切なチーズの保存方法

すぐに食べないのであれば、きちんと保存しよう。ラクレットチーズの大敵は乾燥だ。乾燥したチーズからはどうしても脂肪分が出てしまう。想像してみてほしい。湿度93％まで熟成したチーズを、そのまま冷蔵庫に入れようと思っていないだろうか？　それは論外だ。

ラップを何枚も重ねてしっかりと包み、野菜室で保存すること。長期保存の場合は、冷凍してもよい。ただし、この場合もしっかりと包み、乾燥は避けられないので保存期間は最長でも4か月だ。

おいしい作り方

さあ、おいしいラクレットでゲストをもてなす準備ができた。伝統的なグリルがある場合は、チーズが焼けてしまわないよう配慮しながら、半切りにした面を、なるべく熱い部分に近づけて置くこと。こうすれば、食事中にチーズ本体が溶けて台なしになるのを防げるはずだ。

ラクロネット（ラクレット器）を使う場合は、チーズが完全に溶ける数秒前に取り出そう。こうした電化製品の加熱力は大きいので、チーズは余熱で溶けるからだ。さもないと、チーズは溶けすぎ、焼けすぎ、脂肪分が分離してしまう。

つけあわせは、ジャケットポテト、コルニション、小玉ねぎだけでよい！よくありがちだが、大量のシャルキュトリーをあわせるのはナンセンスだ！

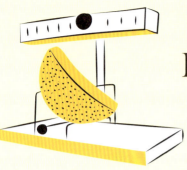

Raclette traditionnelle ou raclonnette ?

伝統的なラクレット VS ラクロネット

◆

小さなグリルの小さな物語

2006年、私は友人たちと、伝統的な方法で溶かしたチーズと、ラクロネットで溶かしたチーズの食べ比べをして楽しんだ。アルパージュ製、レティエ製、そして最安値のものという、3種類のラクレットチーズを試した。

試してみると、予想に反して、ラクロネットに付属のミニパン（ポワロン）でラクレットを正しく調理するのは案外難しかった。チーズを長時間火にかけると、火が通りすぎて脂肪分が分離し、チーズの均質性が失われてしまうのだ。

大きな驚きは、伝統的なグリルで焼くのとラクロネットで焼くのとでは、チーズの味が大きく違うことだった！　工場生産のチーズは味がないのだが、良質な無殺菌乳のラクレットチーズだと残念な味になる。ラクロネットの使い勝手のよさには感心したが、風味が失われたことには失望し、伝統と味を尊重しつつ、その使い勝手のよさを生かすにはどうしたらよいかと考えた。そして、友人と一緒に、ラクロネットのようにテーブルの真ん中に置けるほど小さな伝統的なグリルを開発した。「イージークレット」と名づけたこの小型グリルは、2007年に日の目を見た。苦労したのは、数軒のチーズメーカーを説得して、2kgの小さな車輪型のチーズを作ってもらうことだった。

懐かしい思い出

伝統的な車輪型チーズの重さは約4.5kg。昔の大家族にとっては問題なかったが、最近では、特別な日を除いて、ラクレットを家庭で食べることはなくなった。私の両親は、2人で4.5kgの大きなチーズを食べるのが面倒になっていたが、開発した小型グリルと2kgの小さなチーズのおかげで、仲よくラクレットを楽しむ習慣を取り戻した。「残った分で、次の日にマカロニのグラタンか、チーズ焼きを作ればよいのよ」と、母が語った言葉が今でも私の耳に残っている。両親は晩年に、生涯で一番多くのラクレットを食べたと思う！

KNEFFLES

クネプフル

◆

調理時間：1時間45分

INGRÉDIENTS
材料
4人分

生地
- 強力粉…250g
- 卵…2個
- 牛乳…200㎖
- ナツメグ、塩、こしょう…各適量

クネプフル
- ラクレット用チーズ（アルパージュ製）…250g（おろす）
- じゃがいも…400g（皮をむき、1〜1.5㎝角に切る）
- 玉ねぎ（大）…1個（みじん切りにする）
- 野菜ブイヨン（固形）…1個
- バター…30g
- こしょう…適量

生地

1. ボウルに卵と牛乳を入れて混ぜる。
2. 強力粉を少しずつ加えながら混ぜあわせ、ナツメグ、塩、こしょうで味を調える。
3. なめらかになるまで生地をこねる。

クネプフル

1. 大鍋に水2ℓ（材料外）とブイヨンを入れて中火で沸騰させ、こしょうで味を調える。
2. 生地を小さなスプーンですくって入れ、ゆでる。
3. 生地が浮きあがってきたら、穴杓子などで取り出し、ザルに取って流水（材料外、適量）で冷やす。ゆで汁は捨てずに取っておく。
4. 3のゆで汁でじゃがいもをゆでる。ゆで汁は捨てずに取っておく。
5. フライパンにバターと玉ねぎを入れて中火にかけ、玉ねぎに焼き色がつくまで炒める。
6. ボウルに3、4、5を入れて混ぜる。
7. 耐熱皿4枚（または大きな耐熱皿1枚）に広げる。
8. 4のゆで汁300㎖を上から注ぎ、チーズをたっぷりかける。
9. 天板にのせ、200℃のオーブンで25分焼く。

RECETTE VÉGÉTARIENNE　ベジタリアンレシピ

RECETTE VÉGÉTARIENNE　ベジタリアンレシピ

TARTE AUX POIREAUX
リーキのタルト

◆

調理時間：1時間（＋休ませる時間30分）

INGRÉDIENTS
材料
直径26〜28cmのタルト型1台分

ラクレット用チーズ（アルパージュ製）
　…250g（おろす）

タルト生地
　薄力粉…250g
　無塩バター…125g
　　（室温に戻し、やわらかくしておく）
　水…100ml
　塩…ひとつまみ

フィリング
　リーキ（ポロねぎ）…500g
　　（繊維に沿って縦に細切りにする）
　無塩バター…40g
　塩、こしょう…各適量

アパレイユ
　卵…2個
　生クリーム…1.25ℓ
　牛乳…1.25ℓ
　塩、こしょう…各適量

タルト生地

1. ボウルにふるった薄力粉を入れ、バターをちぎって加え、指先ですりあわせながらバターを粉になじませて粒状にする。
2. 塩と水を加えて混ぜ、全体をなめらかにまとめる。
　　※生地を練らないように注意。
3. ラップで包み、冷蔵庫で30分以上休ませておく。

フィリング

1. フライパンにバターを中火で溶かし、リーキを加え、やや歯ごたえが残る程度まで炒め、塩とこしょうで味を調える。

アパレイユ

1. ボウルにすべての材料を入れ、泡だて器でよく泡立てる。

リーキのタルト

1. タルト生地を型よりひとまわり大きな円形にのばし、タルト型に敷き込み、フォークで底面をまんべんなく刺して穴を開ける。
2. フィリングを広げて、アパレイユを流し、チーズをかける。
3. 天板にのせ、200℃のオーブンで40分焼く。

Le petit truc en +
おすすめ
このタルトのつけあわせには、グリーンサラダがよくあう。冷やして食べてもおいしい。

クロードのアドバイス
リーキは一度細切りにしたら、決して洗わないこと。

PLAT À LA VIANDE 肉料理レシピ

CROÛTE AU FROMAGE D'ALPAGE,
JAMBON CUIT ET ŒUF AU PLAT

アルパージュ製チーズのクルート ハムと目玉焼き添え

◆

調理時間：20分

INGRÉDIENTS
材料
1人分

- ラクレット用チーズ（アルパージュ製）
  …200g（厚さ7mmにスライス）
- ハム…2枚（1枚40g）
- パン…60g（薄切りにする）
- 白ワイン（辛口）…50㎖
- 卵…1個
- 植物油、コルニション、黒こしょう
  …各適量
- マスタード、玉ねぎ（スライス）
  …各適宜

1. 耐熱皿の大きさにあわせて、パンを並べる。
2. ワインをまわしかけ、ハムとチーズをのせる。
3. 天板にのせ、180℃のオーブンでチーズが完全に溶けて泡立つまで10分ほど焼く。
4. フライパンに油を引き、卵を割り入れて目玉焼きを焼く。
5. 3をオーブンから出し、目玉焼きをのせ、こしょうをふり、コルニションを添える。

※提供する際に好みでマスタードと玉ねぎを添えても。

VACHERIN FRIBOURGEOIS AOP

ヴァシュラン・フリブルジョワ AOP

> **DATA**
>
> 原産地：スイス
> 原料乳：牛乳
> 種類：セミハードタイプ
> 風味：おだやか〜際立つ
> 重量：4〜5kg
> 熟成期間：3〜7か月
> AOP認証：2005年

グリュイエールがスイス各地で生産されているのに対し、このチーズは、その名の通り、フリブール州のみで生産されている。15世紀初頭、このチーズは祝いの席の食卓に並べられ、この上ない完璧な食事の象徴とされていた。

☞ **帯が巻かれたチーズ**

このチーズは2005年にAOP認証を受けた。側面に木枠や布が巻かれているのが特徴だ。もともとこれは、チーズの型崩れを防ぐために用いられていた。多くのスイス産チーズと同様に、11月から5月までは低地で、5月から10月にかけては、フリブール州のアルプス山間部のアルパージュで作られる。

☞ **なんともまろやかで、なんともクリーミー**

搾乳温度より4℃高い、36℃までごく軽く加熱して作られるこのチーズは、ホエイを多く含み、生地はソフトチーズのようでさえある。このチーズの熟成には、気を使っている。熟成を少しでも進めすぎてしまうと、風味が強調されすぎて苦味が出てくるからだ。

一方、若いチーズは、まろやかでクリーミー。ハーブや花など、豊かな風味に彩られている。とろけるような食感で、他のチーズとハーフ＆ハーフでも、このチーズだけでも、フォンデュに理想的だ。

クロードのアドバイス

ヴァシュラン・フリブルジョワAOPの規定では、低温加熱処理乳の使用が許可されているので、選ぶ際には無殺菌乳から作られたものを優先してほしい。

214　SUISSE

LA FONDUE

フォンデュ

アルプス地方をひとつにまとめる料理と言えば、フォンデュだろう！　しかし、「和気あいあい」の代名詞でもあるにもかかわらず、起源をめぐっては対立している。この名物料理は、いくつかの地方で見られる。昔、アルパージュ中の羊飼いたちは、手近なもの、つまりチーズとパンで自給自足をしていた。それゆえスイスでフォンデュと言えば、ヴァレー州とフリブール州、フランスではサヴォワ地方というわけだ。

私はヴァレー人として、3〜8か月熟成させた、レティエ製とアルパージュ製の10種類ほどのチーズを使ってヴァレー風フォンデュを作る。

一方、サヴォワ風フォンデュは、ボーフォールとコンテのふたつのチーズを混ぜて作ることが多い。フォンデュは液体と固体に分離してしまうと、まったくおいしくない！　おいしいフォンデュは、味わいがよいだけではなく、クリーミーでもある。分離しないように、2種のチーズを上手につなぐには、ラクレットチーズかモルビエを4分の1加える必要がある。

スイスのフリブール州では、グリュイエールとヴァシュランのハーフ＆ハーフのフォンデュが有名だ。

そしてもうひとつ、「純粋派の」あるいは「専門家の」フォンデュと呼べるものがある。熟成度の異なる数種類のヴァシュラン・フリブルジョワをミックスして作られ、非常に繊細な味わいだ。ワインではなく水を加えるのも、純粋なゆえん。沸騰しないように気をつけ、絶えずかき混ぜ続けながら、弱火で45分かけてチーズを煮溶かす。このフォンデュは、人肌くらいの温度で食べるのがベストだ。機会があれば、ぜひ試してみてほしい！

また、夏の晴れた日には、私が「夏のフォンデュ」と名づけたフォンデュをお試しあれ（p.219）。

ヴァレー州風フォンデュ クロード風

10
種類のラクレットチーズ
（レティエ製＋
アルパージュ製の
ミックス）

＋

白ワイン

純粋なフォンデュ

100%
ヴァシュラン

＋

水

Le combat des régions
地方ごとのフォンデュの味

フリブール風フォンデュ

1/2 グリュイエール

＋

1/2 ヴァシュラン

＋

白ワイン

サヴォワ風フォンデュ

1/2 ボーフォール ＋ 1/2 コンテ

バリエーション

1/4 モルビエ（またはラクレットチーズ） ＋ 3/8 コンテ ＋ 3/8 ボーフォール

＋

白ワイン

217

FONDUE DE L'ÉTÉ

夏のフォンデュ

祖母は夏になると、庭で採れたズッキーニとトマトを使い、
よくこの料理を作ってくれた。なんともおいしい！

♦

調理時間：30分

INGRÉDIENTS
—
材料
2人分

フォンデュ用チーズミックス…400g

じゃがいも…400g

ズッキーニ
　…300g（1～2cmの角切りにする）

にんにく…1片（つぶす）

トマトソース…300㎖

こしょう（粒）…適量

※トマトソースが入手できない場合、濃縮トマトペーストを辛口白ワイン100㎖でのばす。

1. じゃがいもは皮つきのままゆで、適当な大きさに切る。
2. 鍋にトマトソースとにんにくを入れて中火にかけ、沸騰させる。
3. ズッキーニを加え、歯ごたえが残る程度まで煮る。
4. チーズを加え、かき混ぜながら再び沸騰させる。
5. こしょうを挽きながら加えてひと混ぜし、火からおろす。
6. 器に 1 のじゃがいもを盛り、熱々の 5 をすくってかける。

Le conseil de claude
クロードのアドバイス

うちで扱っているフォンデュ用チーズミックスには、つなぎにコーンスターチ（マイゼナ®）が入っている。
好みのチーズを使って作る場合は、食べる直前に、
コーンスターチか片栗粉を少量の水で溶いて加えると、きれいなクリーム状になる。

219

AILLEURS EN EUROPE

◆

ヨーロッパ諸国のチーズ

HALLOUMI PDO
ハルーミPDO

DATA
原産地：キプロス島
原料乳：羊乳、山羊乳
分類：パスタフィラータ
風味：おだやか
重量：さまざま
熟成期間：――
PDO認証：2021年

キプロス島原産のこのチーズは、伝統的には山羊と羊のミルクから作られるが、牛のミルクを使ったものもある。「ハルーミ」を名のることができるのは、キプロス島で製造されたものだけだ。ハルーミはこの島の日常に欠かせず、そのまま食べるのはもちろん、グリルしたり、サンドイッチにはさんだり、アペリティフのつまみにしたり、そしてデザートまで、一日の食卓をオールマイティに彩る！

☞ 猶予中のPDOチーズ
このチーズはPDO認証を受けたが、現在、どっちつかずの状況にある。というのも、ミルクのブレンドが大きな問題となっているのだ。伝統的には山羊乳と羊乳が主原料だが、近年、山羊乳も羊乳も生産量が足りずに非常に高価になっているため、多くの生産者が牛乳を加えている。それも原料乳の80％以上という非常に高い割合でだ。しかし、地元の経済活動を支援し、生産者たちに適応する猶予を与えるべく、欧州委員会は2024年の末まで一時的に、牛乳の割合が高くても認証を認める措置を取っている。

☞ 溶けないチーズ
ハルーミは非常に特殊なチーズだ。角切りにしたりちぎってサラダに加えてそのまま味わうのもよいが、厚切りにして焼いたり揚げて食べるのが最高！ なんといってもこのチーズは、独特のテクスチャーをもち、チーズの中で唯一、加熱しても溶けない。
カードを圧搾してホエイを最大限排出したあとブロック状にカットし、ホエイのなかで煮沸（約90℃）する。この工程により、特有の口あたりと、溶けにくさという特徴が生まれる。ミントの風味をつけることが多く、ふたつ折りにして成形してから包装する。

☞ 独特な楽しみ方
このチーズは塩気が強いので、焼く前に水に浸けて塩抜きをする。また、焼く際には、油を使わないのが鉄則。油で焼くとチーズがかたまり、糖分が引き出されない。つまり、風味が損なわれてしまう。食感は歯ごたえがあり、やや弾力があるので、好き嫌いはわかれるだろう。

FETA PDO
フェタ PDO

DATA

原産地：ギリシャ
原料乳：羊乳、山羊乳
分類：ソフトタイプ
風味：おだやか
重量：さまざま
熟成期間：最長2年
PDO認証：2002年

数年前、フェタチーズを学ぶべく、ギリシャを旅した。しかし私の記憶では、それがヴァカンスだったのか仕事だったのかさえ曖昧だ！

☞ **樽熟成フェタチーズ**

ギリシャの中心部、歴史あるテッサリア地方にいると想像してみてほしい。テッサロニキ空港からトリカラに向かう道すがら、オリンポス山は目に入るだろうが、みなさんはオリンポスの神々に会うためにギリシャに来たわけでも、メテオラの修道院で言葉を失うほど感動するために来たわけでもない。オーク樽熟成のフェタチーズに出合うためにギリシャに来たはずだ。私はムザキで樽熟成フェタチーズに出合っただけでなく、この地域や伝統を発見し、そしてキサス家という一家と出会った。
チーズ工房「キサス」の物語は、テッサリアの僻地、ムザキのはるか山奥を舞台に、ランプロス・キサスというひとりの男からはじまる。娘のマリアの案内で、私たちは岩だらけの道を車で延々と走り続けた。いくつもの谷を越えたあと、彼女は「ここからすべてがスタートしたの」と言った。

☞ **チーズ工房「キサス」**

僻地にたたずむその古い羊小屋は、廃墟となっていた。しかし、かつては住居も兼ねていたその場所を歩くと、すべてから隔離された場所で、電気もないなか薪火を焚いて働く先人たちの姿がまざまざと浮かんだ。当時、フェタは保存され、古くからの伝統に従いオーク樽に入れられ、ロバによって運ばれた。
1984年、ランプロスは山を下り、文明社会に身を置くことを決心する。ムザキに近代的で機能的な乳製品加工所を立ち上げ、近代的でありながら、伝統の製法を忠実にまもるチーズ作りを開始した。原料乳の配合は、牛乳70％、山羊乳30％の割合だ。現在は、息子のディミトリが事業を引き継いでいるが、ランプロスは今でも毎日、作業の様子を確認するべく工房に立ち寄っている。樽の管理は彼の仕事だ。工房の裏で、傷んだり摩耗したりした樽を解体し、状態のよい部分から新たな樽を作る。もちろん、再利用する前にすべて入念に洗浄し消毒するのは言うまでもない。昔の人にとって、エコロジーやリサイクルはあたり前だったのだ。今の時代の私たちも見習うべきだろう。まあ、私自身、昔の人間の部類だが……。

☞ 伝統的な製法

テッサリア地方では、樽熟成のフェタを製造するチーズ工房は4軒しか残っていない。ギリシャ全体で見ても、伝統的な製法でフェタを作っているチーズ工房はかなり少なく、年々減少の一途をたどっている。

フェタは、カットしたケーキのような三角形に成形される。これを3つ並べて円形にし、オーク樽に詰める。樽がいっぱいになるまで、何重にも重ねていく。フェタは非常にカビやすいので、空気に触れないことが重要だ。樽がいっぱいになったらソミュール液（塩水）を加え、樽に蓋をする。ここから、ゆっくりと熟成がはじまる。これが工場製のフェタと、伝統的なオーク樽熟成によるフェタとの違いだ。オーク樽で熟成させることにより、樽熟成のワインと同じように、樽由来の風味がもたらされる。月日が経つにつれ、深みのある味わいになる。ディミトリは最低でも6か月熟成させているが、ソミュール液に浸かった状態であれば、最長2年まで熟成が可能だ。一方、工場製のフェタは長方形の型に入れられ、金属製の樽に保管される。

☞ 伝統的な味わい

樽の中でソミュール液に長く浸かっているため、伝統的な製法のフェタを食べると、塩の香りが口のなかいっぱいに広がる。また、山羊乳と羊乳のバランスが絶妙で、工場製のフェタとの違いは明らかだ！

フェタという名称はあちこちで使われてきた。しかし、幸いなことに2002年以降、ギリシャで羊乳と山羊乳を原料に作られたもの以外、この名称を使うことがPDOによって禁止されている。牛乳から作られたフェタも、イタリアやフランス製のフェタも存在しない！

クロードのアドバイス

ギリシャ風サラダは定番中の定番だが、カボチャのヴルテやピザのトッピングにするのも悪くない。次のページでは、ディミトリに教えてもらった、非常にシンプルでオリジナリティあるレシピを紹介しよう。

ヨーロッパ諸国のチーズ **225**

RECETTE VÉGÉTARIENNE　ベジタリアンレシピ

FETA AU TONNEAU
EN PAPILLOTE

フェタのパピヨット仕立て

♦

調理時間：20分

INGRÉDIENTS
―
材料
1人分

フェタ（できれば樽熟成のもの、スライス）
　…1枚（約150g）
トマト…1個（輪切りにする）
玉ねぎ…1個（ごく薄の輪切りにする）
オレガノ…少量
オリーブオイル…少量

1. オーブンは220℃に予熱しておく。
2. オーブンシート（またはアルミ箔）の上にトマト、玉ねぎ、チーズの順にのせ、オレガノを散らし、オリーブオイルをまわしかける。
3. オーブンシートで包んで閉じ、天板にのせ、220℃のオーブンで10分焼く。

Le petit truc en +
アレンジ

バーベキューコンロでグリルしてもよい。その場合、焼き時間は10分を目安にし、定期的にオーブンシートごと裏返す。

FETA AU TONNEAU
EN FEUILLE DE BRICK

フェタのブリック包み

フェタのなめらかさ×ブリックのサクサク感が絶妙にマッチ！　簡単なのに、とてもおいしい。

♦

調理時間：17〜20分

INGRÉDIENTS
―
材料
1人分

フェタ（できれば樽熟成のもの）
　…1枚（約150g）
ブリック生地（市販品）…1枚
はちみつ…適量
※ブリック生地は春巻きの皮で代用可。

1. 生地を軽く湿らせ、フェタをのせて包む。
2. 天板にのせ、200℃のオーブンで生地に焼き色がつくまで焼く。
　※バーベキューコンロで焼いてもよい。
3. オーブンから取り出し、はちみつをまわしかける。

MOZZARELLA DI BUFALA CAMPANA DOP

モッツァレッラ・ディ・ブーファラ・カンパーナDOP

> **DATA**

原産地：イタリア 風味：おだやか
原料乳：水牛乳 重量：さまざま
分類：パスタフィラータ DOP認証：1996年

モッツァレッラの起源は、少なくとも12世紀にまでさかのぼる。当時、カンパーニャ地方のナポリ北部に位置する町、カプアにあるサン・ロレンツォ修道院の修道士たちは、宗教的な祭りに「モッツァ」と呼ばれるチーズを信者に提供していたという。「mozzarella」という言葉が初めて文献に登場したのは、ローマ教皇のお抱え料理人だったバルトロメオ・スカッピが1570年に出版した料理書『教皇ピオ5世の料理人、バルトロメオ・スカッピ著作集（*Cuoco Secreto Di Papa Pio V*）』においてのこと。18世紀、ブルボン家がこの地方で水牛の飼育を発展させたことで、モッツァレッラの人気が高まった。

☞ モッツァレッラ唯一のDOP

モッツァレッラという呼称はDOPによって保護されていないため、生産地域を問わず、牛乳から作られたものでもモッツァレッラを名のることができる。モッツァレッラはともかく、グミのような食感のものや、まったく味のないもの、弾力のあるものから、きめ細かく繊細で、やわらかくてとろっとするものまであらゆるタイプが存在する。

モッツァレッラ・ディ・ブーファラ・カンパーナDOPの対象地域は、ナポリ周辺のカンパーニャ州、モリーゼ州、そして「ブーツのかかと」にあたるプーリア州の最北に位置するフォッジャ県だ。ちなみに2020年からは、プーリア州のターラント県とバーリ県で作られる牛乳製のモッツァレッラ、「モッツァレッラ・ディ・ジョイア・デル・コッレ」にもDOP認証が与えられている。

☞ 特有の食感を生む独特のテクニック！

カンパーニャ州産のこのチーズの製法は、いたって特殊だ。言い伝えによると、とある修道士がカードをうっかり熱湯に落としてしまい、チーズが溶けてしまったのがはじまりだという。

しかし、このチーズがどのように作られるかを本当に理解するには、実際に見てみなければわからない。最初の工程は通常のチーズと似ている。カードがチーズバットに落ちるとき、チーズ職人の魔法と芸術性が発揮される。この段階で、いつ生地がのびるかが決まるのだ。片手に大きなレードル、もう片方の手には長い木の棒を持ち、華麗にバレエを舞うような正確な動きで、90℃の湯とカードを混ぜあわせていく！　なんとも独特！　生地が均質になり、餅のような弾力が出たら、正確な動きで引きちぎっていく。この動作こそ、モッツァレッラの名前の由来。モッツアレッラとは、「引きちぎる」を意味する。そして丸めたあと、フェタなど他の表皮なしチーズ（リンドレスチーズ）と同様に、湿度を確保すると同時にしっかり保存されるよう、塩水に浸けられる。

☞ ブッラータとは？

ブッラータとは、モッツァレッラから派生したチーズ。モッツアレッラのなかに、生クリームと割いたモッツァレッラを混ぜたものを詰めて完成する。もともとは、生産過程で生じる余剰のモッツァレッラを有効活用すべく、モッツァレッラチーズ職人が考案したといわれている。

PARMESAN
OU PARMIGIANO REGGIANO DOP

パルメザン、パルミジャーノ・レッジャーノDOP

DATA

原産地：イタリア
原料乳：牛乳
分類：(加熱)圧搾タイプ
風味：おだやか～際立つ
重量：30～40kg
熟成期間：12～36か月
DOP認証：1996年

世界で最も有名なチーズであることはまちがいない！　パルミジャーノ・レッジャーノは、スイス原産のスプリンツの派生チーズだ。中世の時代、イタリア人は大量のスプリンツを輸入していた。しかし、パルマ地方ではむしろ、チーズそのものよりも、チーズ職人と製造のノウハウを仕入れる結果となった！　今日、パルミジャーノ・レッジャーノは、パルマ（これが「パルメザン」の名前の由来）からモデナにかけての地域で作られている。

☞ 印象的な製造工程

パルミジャーノ・レッジャーノは、30～40kgの大型チーズ。私のところでは、30か月以上熟成させている。数年前、私は工場を見学する機会に恵まれた。印象的だったことをふたつ挙げるとすれば、まずは、長い「テーブル」だ。チーズを製造する前日に、この上に牛乳を広げ、初期熟成を行う。牛乳を広げることで空気に触れる面積が増え、熟成が早まるのだ。

もうひとつは、製造に用いる大きな鍋。非常に独特な形をしており、底が丸みを帯びているため、カードが大鍋の底に落ちたときにはすでに、大きなボール状になっている。チーズ職人がそのなめらかな大きなボールを取り出し、ふたつに切り分け、それぞれ型に入れ、ふたつのパルミジャーノ・レッジャーノができる工程を見て感動した。なんとも独創的だ！

☞ 金ほどの価値があるチーズ

完成したパルミジャーノ・レッジャーノは、巨大な……いや、超巨大な貯蔵庫で熟成される。「チーズバンク（チーズ銀行）」という異名をもつこの貯蔵庫は、その財宝の前代未聞の総額にちなんでいる。しかも、盗難未遂事件が頻発するため、銀行のように厳重にまもられているのだ。

☞ 世界を征したイタリアンチーズ

パルミジャーノ・レッジャーノは、リゾットやパスタ、ジェノベーゼ、カプレーゼなど、イタリア料理に欠かせないチーズで、主にすりおろして使われる。ハードチーズなので、熟成するにつれてもろくなる。私は30か月以上熟成させたものをカットして食べるのが好きだ。ひと口ごとに、ごちそうを味わっているような感覚になる！

パルミジャーノ・レッジャーノは、模倣品が多く出まわっているが、決して匹敵するものはない。イタリア人のプロデュース能力により、パルミジャーノ・レッジャーノは、世界的にイタリア美食の代名詞となった。今日、パルミジャーノ・レッジャーノは世界中で知られているが、その祖先であるスプリンツについては、誰も知らない。残念でならない。

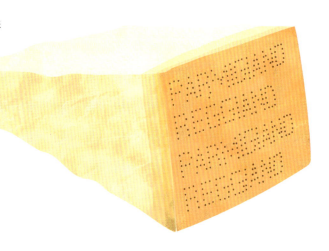

TALEGGIO DOP
タレッジョ DOP

DATA

原産地：イタリア
原料乳：牛乳
分類：ウォッシュタイプ
風味：おだやか～際立つ
重量：約2kg
熟成期間：30～70日
DOP認証：1996年

ミラノからほど近い、ベルガモ地方のタレッジョ渓谷で生まれたこのチーズは、ピエモンテ州、ミラノ、ベルガモ、ブレシア、コモなどイタリア北部の認定地域で作られている。

☞ 疲れた牛のミルクから作られたチーズ

タレッジョは11世紀から生産されており、当初はロンバルディア方言で「疲れた」を意味する「ストラッカ」に由来する、「ストラッキーノ」という名前で呼ばれていた。実際、このチーズは、アルプスでの長い夏季放牧から戻ってきた牛のミルクから作られていた。つまり、「疲れた牛」というわけだ。タレッジョは、ストラッキーノの進化系にあたる。ロンバルディアの農家が、チーズをより長く熟成させたり、表皮を塩水で洗うなど、さまざまな製造方法を試行錯誤し、こうして今日のタレッジョが誕生した。1996年からは、DOP認証により保護されている。

☞ 洞窟で熟成させるチーズ

今日のストラッキーノとタレッジョはまったく異なるチーズだ。タレッジョは18～20㎝四方の大きな正方形で、表皮の色はマロワールを思わせる。模倣を防ぐためと、本物である証しとして、上面には識別マークが押印されている。このチーズは伝統的に、ロンバルディア州のサッシナ渓谷の自然の洞窟で、25日以上熟成してから販売される。しかし、若すぎるものは、ゴムのようだったり、じゃりじゃり感を覚える場合があるので、40日以上長期熟成させたものがベターだ。実際、熟成が十分でないと、ハーブのようなおだやかな風味がありながらも、発酵した果実の香りが持続する。

クロードのアドバイス

表皮ごと食べられるが、特においしいというわけでもないので、ていねいに削ぎ落とすことをおすすめする。

ヨーロッパ諸国のチーズ

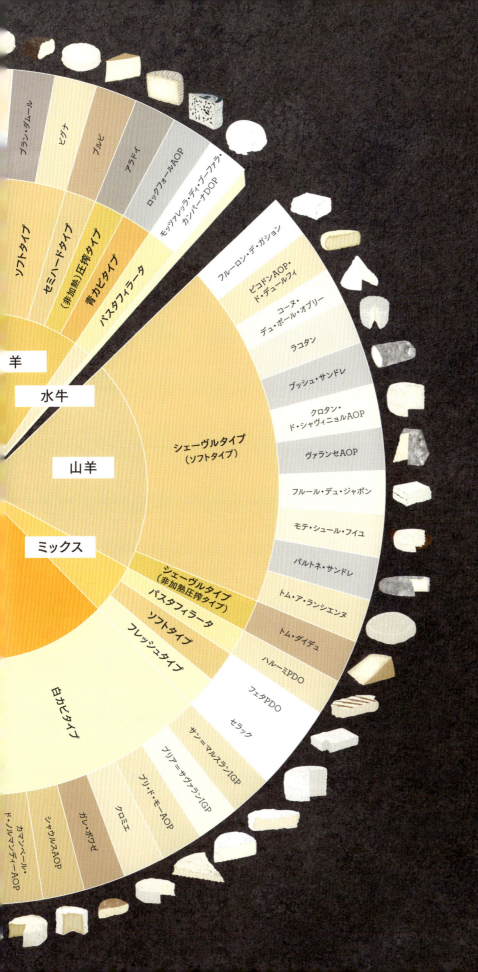

255

GOUDA
OU QUAND JE VOUS CONSEILLE D'OUBLIER TOUS VOS PRÉJUGÉS !

ゴーダ
偏見をすべて忘れろと忠告したい！

DATA
原産地：オランダ
原料乳：牛乳
分類：(非加熱) 圧搾タイプ
風味：若いものはおだやか、熟成したものは際立つ
重量：8〜25kg
熟成期間：最長36か月

「ゴーダ」と聞けば反射的にチーズを連想するため、私はゴーダに行くまで、ゴーダというのが、オランダらしい魅力的な小さな町の名でもあることに気づかなかった！　ちなみにオランダでは「ハウダ」と発音する。

☞ **フェルミエ製ゴーダを探して**

ゴーダと言えば、世界中のほとんどすべてのホテルの朝食ビュッフェで出される、四角く白っぽい色をした、プラスチックのような味気ないチーズをすぐに思い浮かべるだろう。そのゴーダは忘れてほしい。ここでお話ししたいのは、無殺菌乳から作られたフェルミエ製ゴーダのことだ！ このチーズに出合うには非常に時間がかかったが、オランダ出身の友人のおかげで、ようやく発掘することができた。無殺菌乳のフェルミエ製ゴーダは、現地では「ボエレンカース（ボエレンは農家、カースはチーズの意味）」と呼ばれるが、こうした伝統的な製法で作られるゴーダは2％しかないことを念頭に置いておくとよいだろう！

ゴーダを語るのは難しい。オランダ人は何よりも現実的な商人なので、このチーズにまつわる魅力的でロマンのあるストーリーの類は、完全に頭から抜けている。そのため、多くの人から証言を聞くしか、納得のいく話にたどり着くことはできないのだ……。

☞ **オレンジ色のコーティングの謎**

不思議なのは、オランダ人はなぜ、チーズをこの奇妙なプラスチックで包むようになったのかということだ。なんという発想だろう！

この習慣は、オランダ人がきわめて商業的な人種で、旅好きで、冒険好きという気質と結びついている。長旅の間、チーズを保存できるようにするため、彼らはチーズが確実に保護かつ保存され、扱いが容易な方法を開発した。それがこのコーティングの層だ。一見、プラスチックのように見えるが、パラフィンが施されている！

その仕組みはとても簡単だが、少し手間がかかる。パラフィンを水で薄め、その溶液をスポンジでチーズの半分にこすりつけ、ごく薄い層で覆う。乾いたら、反対側も同様にこすって層で覆う。これを4回ほど繰り返して層を重ねると、ベビーベルチーズ®の分厚く赤いワックスとはまったく違うものになる。

それにしても、そんなふうにコーティングした状態で、チーズは熟成するものだろうか？　このパラフィンの層は多孔質で、チーズが呼吸できるようになっている。そのため、外の空気に完全に触れないわけではない。また、カーヴの環境は、このチーズに穏やかに作用する。さて、コーティングの謎が解けたところで、このチーズについて詳しく見てみよう。

254　AILLEURS EN EUROPE

☞ フェルミエ製の味わい

各農家はできたてのゴーダを協同組合に納品する。そして、協同組合がコーティング加工から、保管、そして最終的には販売まで担う。牛のミルクから作られるこのチーズは、12か月は熟成させないとまったく味気ない。ゴーダは、典型的な塩バターキャラメルの風味に加え、フルーティーかつナッツのような香りをもつ。熟成が進むともろくなり、塩のようなじゃりじゃりした歯ごたえを感じる。ただし、これは塩ではなく、乳タンパク質に含まれるチロシンというアミノ酸が、熟成により結晶化したものだ。
私のカーヴにあるゴーダは、生産者にもよるが、15〜30kgの大型の円盤状だ。熟成期間が18か月未満のものは販売しない。私はさらに36か月まで熟成させるのが好きだ。このチーズの生地の組織と、パラフィンのコーティングにより、ゆっくりと熟成する。私の仕事の本質は、チーズのポテンシャルを最大限に引き出すことであり、ゴーダは長期熟成によってそのポテンシャルを発揮する。

☞ 本物のゴーダの見つけ方

低温殺菌乳から作られるゴーダが何トンもはびこるなか、無殺菌乳のゴーダは埋もれてしまい、非常に希少な存在だ。しかし、無殺菌乳から作られたゴーダを扱っている店なら、自信をもって教えてくれるだろう。色つきのゴーダは人工的な香りしかせず、チーズの味はしないので避けること。オレンジ色のゴーダも品質が悪い証拠だ。スーパーに行ったら、ラベルをよく読んで選んでほしい！

クロードの見解 ゴーダというのは実にはカラフルだ！ 色とりどりのチーズが流行しているが、私としては、真っ赤なチーズやアップルグリーンのチーズにはまったく魅力を感じない。真っ青なチーズなどもってのほかだ。反動的と言われても仕方ないが……。

チーズ雑学

ゴーダにクミンやパプリカ、こしょうをふって食べるのが、本場オランダの流儀。

INDEX

◆

索引

チーズ 名称

アラドイ……132

ヴァシュラン・フリブルジョワ AOP
……214
ヴァシュラン・モン＝ドール AOP
……81
ヴァランセ AOP……98

カマンベール・ド・ノルマンディー
AOP……118
カマンベール・ル・サンク・フレール
……120
ガレ・ボワゼ……102

グリュイエール AOP……172
グレチャーバッハ……192
クロタン・ド・シャヴィニョル AOP
……91
クロミエ……101

ゴーダ……234
コーヌ・デュ・ポール・オブリー
……69
コロンベット……189
コンテ AOP……184

サレール AOP……56
サン＝ネクテール AOP……51
サン＝マルスラン IGP……50

シャウルス AOP……110

スプリンツ AOP……194

セラック……57

タレッジョ DOP……231

トム・ア・ランシエンヌ ……160
トム・ダイデュ……143
トム・デ・マイエン……200
トム・ド・トロワトレント……201

パルトネ・サンドレ……142
ハルーミ PDO……222
パルメザン、パルミジャーノ・レッジ
ャーノ DOP……230

ビグナ……133
ピコドン AOP・ド・デュールフィ
……44

フェタ PDO……224
ブッシュ・サンドレ……90
プティ・ヴァレザン・フュメ……193
プティ・ゴーグリー……75
ブラン・ダムール……161
ブリア＝サヴァラン IGP……68
ブリ・ド・モー AOP……100
ブルー・ドーヴェルニュ AOP……30
ブルー・ド・テルミニオン……31
ブルビ……188
フルム・ダンベール AOP……37
フルム・ド・モンブリゾン AOP……37
フルール・デュ・ジャポン ……138
フルーロン・デ・ガション……36
フロマージュ・マリネ・オ・マール・デ
ュマーニュ……190

ペライユ・デュ・ヴェズ……147

ボーフォール AOP……185
ポン・レヴェック AOP……125

マロワール AOP……106
マンステール AOP……112

ミモレット……103

モッツァレッラ・ディ・ブーファラ・カン
パーナ DOP……228
モテ・シュール・フイユ……139
モルビエ AOP……74
モン・ドール AOP……81

ライオル AOP……146
ラコタン……80
ラングル AOP……111

リヴァロ AOP……124

ルブロション・ド・サヴォワ AOP
……45

ロックフォール AOP……150

Arradoy……132

Beaufort AOP……185
Biguna……133
Bleu d'Auvergne AOP ……30
Bleu de Termignon……31
Brebis……188
Brie de Meaux AOP……100
Brillat-Savarin IGP……68
Brin d'Amour……161
Bûches Cendrées……90

Camembert de Normandie
　AOP……118
Camembert Le 5 Frères……120
Chaource AOP……110
Colombettes……189
Comté AOP……184
Cosne du Port Aubry……69
Coulommiers……101
Crottin de Chavignol AOP
　……91

Feta PDO……224
Fleur du Japon……138
Fleuron des Gachons……36
Fourmes d'Ambert AOP……37
Fourmes de Montbrison AOP
　……37
Fromage mariné au marc
　d'humagne……190

Galet boisé……102
Gletscherbach……192
Gouda……234
Gruyère AOP……172

Halloumi PDO……222

Laguiole AOP ……146
Langres AOP……111
Livarot AOP……124

Maroilles AOP……106
Mimolette……103
Mont d'Or AOP……81
Morbier AOP……74
Mothais sur Feuille……139
Mozzarella di Bufala Campana
　DOP……228
Munster AOP……112

Parmesan, Parmigiano Reg-
　giano DOP……230
Parthenay Cendré……142
Pérail du Vézou……147
Petit Gaugry……75
Petit Valaisan Fumé……193
Picodon AOP de Dieulefit……44
Pont l'Évêque AOP……125

Racotin……80
Reblochon de Savoie AOP……45
Roquefort AOP……150

Saint-Marcellin IGP……50
Saint-Nectaire AOP……51
Salers AOP……56
Sbrinz AOP……194
Sérac……57

Taleggio DOP……231
Tomme à L'Ancienne……160
Tomme d'Aydius……143
Tomme de Troistorrents……201
Tomme des Mayens……200

Vacherin Fribourgeois AOP
　……214
Vacherin Mont-d'Or AOP……81
Valençay AOP……98

チーズ 原料乳

牛乳

ヴァシュラン・フリブルジョワ AOP ……214

ヴァシュラン・モン＝ドール AOP ……81

カマンベール・ド・ノルマンディー AOP ……118

カマンベール・ル・サンク・フレール ……120

ガレ・ボワゼ……102

グリュイエール AOP ……172

グレチャーバッハ……192

クロミエ……101

ゴーダ……234

コロンベット……189

コンテ AOP ……184

サレール AOP ……56

サン＝ネクテール AOP ……51

サン＝マルスラン IGP ……50

シャウルス AOP ……110

スプリンツ AOP ……194

セラック……57

タレッジョ DOP ……231

トム・デ・マイエン……200

トム・ド・トロワトレント……201

パルメザン、パルミジャーノ・レッジャーノ DOP ……230

プティ・ヴァレザン・フュメ……193

プティ・ゴーグリー……75

ブリア＝サヴァラン IGP ……68

ブリ・ド・モー AOP ……100

ブルー・ドーヴェルニュ AOP ……30

ブルー・ド・テルミニオン……31

フルム・ダンベール AOP ……37

フルム・ド・モンブリゾン AOP ……37

フロマージュ・マリネ・オ・マール・デュマーニュ……190

ボーフォール AOP ……185

ポン・レヴェック AOP ……125

マロワール AOP ……106

マンステール AOP ……112

ミモレット……103

モッツァレッラ・ディ・ブーファラ・カンパーナ DOP ……228（水牛）

モルビエ AOP ……74

モン・ドール AOP ……81

ライオル AOP ……146

ラングル AOP ……111

リヴァロ AOP ……124

ルブロション・ド・サヴォワ AOP ……45

山羊乳

ヴァランセ AOP ……98

クロタン・ド・シャヴィニョル AOP ……91

コーヌ・デュ・ポール・オブリー ……69

セラック……57

トム・ア・ランシエンヌ……160

トム・ダイデュ……143

パルトネ・サンドレ……142

ハルーミ PDO ……222

ピコドン AOP・ド・デュールフィ ……44

フェタ PDO ……224

ブッシュ・サンドレ……90

フルール・デュ・ジャポン……138

フルーロン・デ・ガション……36

モテ・シュール・フイユ……139

ラコタン……80

羊乳

アラドイ……132

セラック……57

ハルーミ PDO ……222

ビグナ……133

フェタ PDO ……224

ブラン・ダムール……161

ブルビ……188

ペライユ・デュ・ヴェズ……147

ロックフォール AOP ……150

チーズ 分類

ソフトタイプ

トム・デ・マイエン……200

ビグナ……133

フェタPDO……224

ブラン・ダムール……161

セミハードタイプ

ヴァシュラン・フリブルジョワAOP
……214

グレチャーバッハ……192

コロンベット……189

プティ・ヴァレザン・フュメ……193

ブルビ……188

フロマージュ・マリネ・オ・マール・デ
ュマーニュ……190

ハードタイプ

スプリンツAOP……194

ウォッシュタイプ

ヴァシュラン・モン゠ドールAOP
……81

タレッジョDOP……231

プティ・ゴーグリー……75

ポン・レヴェックAOP……125

マロワールAOP……106

マンステールAOP……112

モン・ドールAOP……81

ラングルAOP……111

リヴァロAOP……124

青カビタイプ

ブルー・ドーヴェルニュAOP……30

ブルー・ド・テルミニオン……31

フルム・ダンベールAOP……37

フルム・ド・モンブリゾンAOP……37

ロックフォールAOP……150

白カビタイプ

カマンベール・ド・ノルマンディー
AOP……118

カマンベール・ル・サンク・フレール
……120

ガレ・ボワゼ……102

クロミエ……101

サン゠マルスランIGP……50

シャウルスAOP……110

ブリア゠サヴァランIGP……68

ブリ・ド・モー AOP……100

ペライユ・デュ・ヴェズ……147

シェーヴルタイプ

ヴァランセAOP……98

クロタン・ド・シャヴィニョルAOP
……91

コーヌ・デュ・ポール・オブリー
……69

トム・ア・ランシエンヌ ……160

トム・ダイデュ……143

パルトネ・サンドレ……142

ピコドンAOP・ド・デュールフィ
……44

ブッシュ・サンドレ……90

フルール・デュ・ジャポン……138

フルーロン・デ・ガション……36

モテ・シュール・フイユ……139

ラコタン……80

フレッシュタイプ

セラック……57

パスタフィラータ

ハルーミPDO……222

モッツァレッラ・ディ・ブーファラ・カン
パーナDOP……228

加熱圧搾タイプ

グリュイエールAOP……172

コンテAOP……184

パルメザン、パルミジャーノ・レッジ
ャーノDOP……230

ボーフォールAOP……185

非加熱圧搾タイプ

アラドイ……132

ゴーダ……234

サレールAOP……56

サン゠ネクテールAOP……51

トム・ド・トロワトレント……201

ミモレット…… 103

モルビエAOP……74

ライオルAOP……146

ルブロション・ド・サヴォワAOP
……45

チーズ 国&地域

イタリア

タレッジョ DOP……231

パルメザン、パルミジャーノ・レッジャーノ DOP……230

モッツァレッラ・ディ・ブーファラ・カンパーナ DOP……228

オランダ

ゴーダ……234

キプロス島

ハルーミ PDO……222

ギリシャ

フェタ PDO……224

スイス

ヴァシュラン・フリブルジョワ AOP ……214

ヴァシュラン・モン＝ドール AOP ……81

グリュイエール AOP……172

グレチャーバッハ……192

コロンベット……189

スプリンツ AOP……194

トム・デ・マイエン……200

トム・ド・トロワトレント……201

ブッシュ・サンドレ……90

プティ・ヴァレザン・フュメ……193

ブルビ……188

フロマージュ・マリネ・オ・マール・デュマーニュ……190

フランス

アラドイ……132

ヴァランセ AOP……98

カマンベール・ド・ノルマンディー AOP……118

カマンベール・ル・サンク・フレール ……120

ガレ・ボワゼ……102

クロタン・ド・シャヴィニョル AOP ……91

クロミエ……101

コーヌ・デュ・ポール・オブリー ……69

コンテ AOP……184

サレール AOP……56

サン＝ネクテール AOP……51

サン＝マルスラン IGP……50

シャウルス AOP……110

セラック……57

トム・ア・ランシエンヌ ……160

トム・ダイデュ……143

パルトネ・サンドレ……142

ビグナ……133

ピコドン AOP・ド・デュールフィ ……44

ブッシュ・サンドレ……90

プティ・ゴーグリー……75

ブラン・ダムール……161

ブリア＝サヴァラン IGP……68

ブリ・ド・モー AOP……100

ブルー・ドーヴェルニュ AOP……30

ブルー・ド・テルミニオン……31

フルム・ダンベール AOP……37

フルム・ド・モンブリゾン AOP……37

フルール・デュ・ジャポン ……138

フルーロン・デ・ガション……36

ペライユ・デュ・ヴェズ……147

ボーフォール AOP……185

ポン・レヴェック AOP……125

マロワール AOP……106

マンステール AOP……112

ミモレット……103

モテ・シュール・フイユ……139

モルビエ AOP……74

モン・ドール AOP……81

ライオル AOP……146

ラコタン……80

ラングル AOP……111

リヴァロ AOP……124

ルブロション・ド・サヴォワ AOP ……45

ロックフォール AOP……150

レシピ

ベジタリアンレシピ

アルパージュ製ラクレットのクルスティヤン アプリコットのチャツネを添えて……128

クネプフル……209

クロタン・ド・シャヴィニョルとレンズ豆のサラダ……96

クロード風マカロニグラタン……174

コンテ風味のグジェール……186

シェーヴルチーズのパン粉焼き ビーツのチャツネ添え……82

ショーソン・オ・フロマージュ……62

スプリンツ風味のセロリのリゾット……199

セラックのソース エスプーマ仕立て……159

セレと洋ナシのタルト……65

夏のフォンデュ……219

ピコドンとくるみのパン粉焼き ズッキーニのカルパッチョ添え……85

ビーツのカルパッチョ シェーヴル・フレのクリーム添え……73

フェタのパピヨット仕立て……226

フェタのブリック包み……226

ブッシュ・サンドレ＆アボカドのケイク……92

ブッシュ・サンドレ風味のアイスクリーム……95

フランス＆スイス風 ポレンタのグラタン……42

ブリア＝サヴァランのエスプーマ仕立て 温製プラム＆スパイシーなクランブルを添えて……70

古いグリュイエールのヴェーゼル風べニエ 洋ナシのコンフィ添え……178

フルム・ダンベールのスイスチャード包み……41

フルーロン・デ・ガションのパイ……38

ほうれんそうとブルー・ドーヴェルニュのタルトレット……32

マッシュルームとブルー・ド・テルミニオンのヴルーテ……35

リーキのタルト……210

ロ・ガヴァシュのラビオリ マッシュルームのピュレとヴァン・ジョーヌソース添え……137

肉料理レシピ

アスパラガスと生ハム、ブルビのサラダ……134

アルパージュ製チーズのクルート ハムと目玉焼き添え……213

カマンベールのパイ包み ベーコン＆じゃがいも風味……122

牛リブロースのステーキ ロックフォールのエスプーマ仕立てのソース……154

クラシックなコルドン＝ブルー……182

コルシカ風リゾット……162

コルドンブルー ヴァレー風……182

サン＝マルスランのフォンデュ……52

スプリンツのクリーミーリゾット カエルのモモ肉＆ズッキーニ添え……196

セラックと生ハムのバロティーヌ……58

セラックのポワレ ローストオニオンのサラダ仕立て ブラウンビール風味のソースを添えて……61

ブルーチーズ風味のコルドン＝ブルー……181

モルビエ＆トリュフ風味のハムのクロックムッシュ……76

モン・ドール＆ロースト・ベーコンのじゃがいものブシェ……86

ロックフォールソース……159

材料

油

オリーブオイル……35、41、61、73、
82、85、92、122、128、137、
178、196、226
植物油……32、181、182、196、
213
菜種油……61、134
ヘーゼルナッツオイル……58

アルコール

赤ワイン……70、159
ヴァン・ジョーヌ……137
キルシュ……62、178
シャスラワイン……178
白ワイン……61、86、137、162、
178、213
ブラウンビール……61
洋ナシのブランデー……65

加工食品

枝つきオリーブ……52
コルニション……58、86、213
トマトソース……219
ドレッシング……96
洋ナシのシロップ漬け……65

加工肉

シャルキュトリー……52
ソーセージ……162
ハム……182、213
　トリュフ風味のハム……76
　生ハム……58、134、181
ベーコン……122
　スモークベーコン……61
　ドライベーコン……86

生地

スポンジ生地……65
タルト生地……32
パイ生地……38、62、122
ブリック生地……128、226

きのこ

マッシュルーム……35、137
トリュフ……76

穀物

大麦……58
米（リゾット用）……162、196

粉

アーモンドプードル……70
強力粉……137、209
薄力粉……70、82、85、92、154、
178、186、210
ヘーゼルナッツパウダー……82
ポレンタ粉……42

スパイス

カレーパウダー……70
クローブ……82
5種のミックスペッパー……35
サフランパウダー……137
シナモンスティック……82
シナモンパウダー……70
ナツメグ……209
パプリカパウダー……62
ローリエ……96

卵

卵……32、38、62、82、85、92、
122、174、178、186、209、
210、213
卵黄……65、95、137

チーズ

ヴァシュラン・モン＝ドール……86
カマンベール……122
グリュイエール……62、174、178、
182
クロタン・ド・シャヴィニョル……82、
96
コンテ……186
サン＝マルスラン……52
シェーヴルチーズ……162
シェーヴル・フレ……73
スプリンツ……196、199
セラック……58、61、159
セレ……65
パルミジャーノ・レッジャーノ……162
ピコドン……85
フェタ……226
フェッセル……62
フォンデュ用チーズミックス……219
ブッシュ・サンドレ……92、95
ブリア＝サヴァラン……70
ブルー・ドーヴェルニュ……32
ブルー・ド・テルミニオン……35
ブルビチーズ……134、137
フルム・ダンベール……41、42
フルーロン・デ・ガション……38
モルビエ……76
ラクレットチーズ（スモーク）……182
ラクレット用チーズ……42、128、
209、210、213
ロックフォール……154、159、181

調味料、調理加工食品

板ゼラチン……65、70
塩
　ゲランドの塩……35
　フルール・ド・セル……70
グルコース……95

コーンスターチ……41
はちみつ……52、70、226
パン粉……82、85
ブラウンシュガー……70
ベーキングパウダー……92
マスタード……128、134、178、213

ナッツ

アーモンド……52
くるみ……73、85、96、181
松の実……32、73

肉

カエルのモモ肉……196
牛肉（燻製またはドライビーフ）……182
　　牛リブロース肉……154
肉（鶏または豚の薄切り肉または牛の厚切り
　　肉など）……159
豚ロース肉……181、182

乳製品（チーズ以外）

牛乳……42、65、70、82、95、
　　154、159、174、209、210
ダブルクリーム……58
生クリーム……32、35、41、65、
　　70、73、92、95、137、159、
　　174、196、199、210
バター……61、70、76、82、128、
　　137、162、209
　　無塩バター……41、42、70、
　　　154、174、186、196、210

パスタ

マカロニ……174

ハーブ

イタリアンパセリ……35、96、134、
　　137、196、199

オレガノ……226
クリーピングタイム（セイヨウイブキジャコ
　　ウソウ）……58
セルフィーユ……134
タイム……61、128、137
チャイブ……52、85、134、159、
　　196、199
ミント……70
ローズマリー……137、154

パン

食パン……76、178
パン……213
パンのクラム……181、182
ライ麦パン……52、182

ビネガー

赤ワインビネガー……82
シェリービネガー……128、196
シードルビネガー……178
トマトビネガー……61
ビネガー……61、134

ブイヨン、フォン

チキンブイヨン……162
フォン・ブラン……61
野菜ブイヨン……35、209

フルーツ

アプリコット……128
プラム……70
洋ナシ……178
レーズン……178
レモン……73
　　レモン果汁……35、41、85
　　レモンのゼスト……65

豆

レンズ豆……96

野菜

アスパラガス
　　グリーンアスパラガス……134
　　ホワイトアスパラガス……134
アボカド……92
エシャロット……41、134、137、196
サラダ菜
　　ベビーリーフ……73、128
　　ミックスサラダ……52、182
じゃがいも……35、122、209、219
　　新じゃがいも……86
スイスチャード……41
ズッキーニ……85、196、219
セロリ……199
玉ねぎ……35、61、96、209、
　　213、226
　　赤玉ねぎ……42、82
　　小玉ねぎ……61、86、122、137、
　　　162
トマト……226
にんじん……96
にんにく……35、86、137、162、
　　196、219
ビーツ……73、82
ほうれんそう……32、38
　　ベビーほうれんそう……85
リーキ……210
ルッコラ……82、122

テーマ

アナトー色素……103、104、105、106、111
アルパージュ……14、168、169、216

イタリア……228、230、231
イル＝ド＝フランス地域圏……100、101

ウォッシュ……44、104、205

オーヴェルニュ＝ローヌ＝アルプ地域圏……30、31、36、37、44、45、50、51、56、57、185、216
オー＝ド＝フランス地域圏……102、103、106
オランダ……234

カード（凝乳）……18、25、30、31、37、45、56、74、91、119、133、138、194、205、222、228、230
カードウォッシング……18、25

キプロス島……222
ギリシャ……224、225

グラン＝テスト地域圏……110、111、112

ケカビ……51、201

コルシカ島……57、161

サントル＝ヴァル・ド・ロワール地域圏……91、98

ジオトリクム・ペニシリウム……80
シロン……103、192

水牛……228
スイス……57、81、90、138、172、188、189、190、192、193、194、195、200、201、214

ソミュール液……225

低温殺菌乳……14、16、17、20、21、22、23、30、37、75、140、235

乳糖（ラクトース）……18

ヌーヴェル・アキテーヌ地域圏……132、133、138、139、142、143

ノルマンディー地方……68、118、119、120、124、125

灰……74、90、98、142
パラフィン……234、235

フェルミエ……14、21
ブルゴーニュ＝フランシュ＝コンテ地域圏……68、69、74、75、80、81、91

ペニシリウム・アルバム……80
ペニシリウム・カマンベルティ……15、80、119
ペニシリウム・カンディダム……15、101、142、190
ペニシリウム・ロックフォルティ……31、37、151

ホエイ……18、31、56、57、81、100、133、214、222

マイエン……168、169、200

無殺菌乳……14、16、17、20、21、22、23、30、37、68、75、80、81、90、98、101、102、105、110、111、119、120、132、140、142、146、161、206、214、234、235

リネンス菌……25、104、105、106

レティエ……14、20、114、115
レンネット……18、25、36、90、119、184

AOC……17、22、23、30、37、44、45、51、81、91、98、110、112、124、125、146、150、172、184、185
AOP……17、22、23、24、25、30、37、44、45、51、56、74、81、91、98、100、106、110、111、112、118、120、124、125、146、150、151、172、184、185、194、214

DOP……22、228、230、231

IGP……17、25、50、68

PDO……22、222、224、225

Remerciements de l'auteur
謝辞

感謝の言葉なくして、この本をおえることはできない。妻のアンに感謝する。彼女なしではこの本は生まれなかった。チーズの歴史について調べるのを手伝ってくれ、何よりも私の文章に最後の仕上げをしてくれた。レシピを提供してくれた料理人の友人たちにも感謝する。最後に、ラルース社のスタッフには、あたたかく迎えてもらい、親切にしていただいた。そしてみなさんのプロ意識のおかげで、本を作るという退屈な作業がとても楽になったことに感謝したい！

クロード・ルイジエ

著者

クロード・ルイジエ
Claude Luisier

スイス、ヴァレー州の山岳地帯を拠点に、チーズ熟成士として30年近くのキャリアを誇る。チーズに関して百科事典並みの知識を有し、ユーモアを交えた率直かつチーズ愛に満ちた語りから、SNSのフォロワー数はトータルで300万人にのぼるなど多くの支持を集めている。

スイスの熟成士が教える 本格チーズの世界
60種のチーズと至福のレシピ

2024年12月25日　初版第1刷発行

著者：クロード・ルイジエ（©Claude Luisier）

発行者：津田淳子
発行所：株式会社 グラフィック社
〒102-0073 東京都千代田区九段北1-14-17
Phone：03-3263-4318　Fax：03-3263-5297
https://www.graphicsha.co.jp

制作スタッフ
翻訳：柴田里芽
制作協力：池田美幸
デザイン：田村奈緒
校正：新宮尚子
編集：鶴留聖代
制作・進行：南條涼子（グラフィック社）

印刷・製本：TOPPANクロレ株式会社

◎乱丁・落丁はお取り替えいたします。
◎本書掲載の図版・文章の無断掲載・借用・複写を禁じます。
◎本書のコピー、スキャン、デジタル化等の無断複製は著作権法上の例外を除き禁じられています。
◎本書を代行業者等の第三者に依頼してスキャンやデジタル化することは、たとえ個人や家庭内であっても、
　著作権法上認められておりません。

ISBN 978-4-7661-3913-6 C2077
Printed in Japan